CATÉCHISME

AGRICOLE & VITICOLE

(1re ANNÉE)

PAR

Léon JOUÉ,

BREVETÉ DE L'ENSEIGNEMENT,

ANCIEN MAITRE RÉPÉTITEUR,

DIPLOMÉ DE L'ÉCOLE NATIONALE D'AGRICULTURE DE MONTPELLIER,

MEMBRE FONDATEUR

DE LA SOCIÉTÉ NATIONALE D'ENCOURAGEMENT A L'AGRICULTURE,

DE LA SOCIÉTÉ DES AGRICULTEURS DE FRANCE

ET DE PLUSIEURS AUTRES SOCIÉTÉS AGRICOLES.

A PERPIGNAN

CHEZ CHARLES LATROBE, IMPRIMEUR-LIBRAIRE

1, Rue des Trois-Rois, 1.

—

1890.

CATÉCHISME
AGRICOLE & VITICOLE

(1ʳᵉ ANNÉE)

PAR

Léon JOUÉ,

BREVETÉ DE L'ENSEIGNEMENT,

ANCIEN MAITRE RÉPÉTITEUR,

DIPLOMÉ DE L'ÉCOLE NATIONALE D'AGRICULTURE DE MONTPELLIER,

MEMBRE FONDATEUR

DE LA SOCIÉTÉ NATIONALE D'ENCOURAGEMENT A L'AGRICULTURE,

DE LA SOCIÉTÉ DES AGRICULTEURS DE FRANCE

ET DE PLUSIEURS AUTRES SOCIÉTÉS AGRICOLES.

PERPIGNAN

CHARLES LATROBE, IMPRIMEUR-LIBRAIRE

1, Rue des Trois-Rois, 1.

—

1890.

A mon ami

Emile Brousse

Conseiller général,

Député de la 2e Circonscription de Perpignan.

Hommage de sympathie.

Léon Joué.

Paris, *le 22 mai 1890.*

MON CHER COMPATRIOTE ET AMI,

Vous publiez un ouvrage destiné à l'instruction des cultivateurs et, plus spécialement, des élèves des écoles primaires. C'est un nouveau service que vous rendez à l'agriculture.

Par la forme attrayante que vous avez adoptée, celle d'un *Catéchisme agricole et viticole,* vous captiverez l'attention ; — par la précision des questions et des réponses, vous ferez pénétrer dans les esprits les notions scientifiques qui sont la base de l'enseignement moderne.

Je sais comment vous préparez à l'école de Thuir les viticulteurs de l'avenir ; la jeunesse trouve en vous un professeur dévoué, compétent, également désireux de développer l'étude théorique et l'application pratique.

Votre action bienfaisante va s'exercer au-delà de ces limites trop restreintes, puisque votre ouvrage se répandra partout où se trouveront des hommes soucieux d'inculquer les connaissances utiles aux élèves de nos écoles populaires. Et je suis convaincu que ni les maîtres, ni les délégués cantonaux, ne méconnaîtront leur devoir en cette circonstance.

La terre est le plus grand trésor pour les nations qui savent lui donner une culture intelligente et généreuse. Que vous êtes heureux de pouvoir vous consacrer à tout ce qui assure son amélioration !

C'est après la défense du territoire la première question nationale.

Agréez mes félicitations, avec ces quelques lignes d'encouragement.

Vous savez qu'on est rarement approuvé en ce monde et que, la plupart du temps, les initiatives sont brisées par la critique excessive. Puisse mon approbation personnelle vous donner une nouvelle force pour continuer votre œuvre de vulgarisateur dans le département.

Croyez, mon cher compatriote et ami, à mes sentiments de cordialité.

ÉMILE BROUSSE,
Député et Conseiller Général de Perpignan.

— VI —

École Communale

DE THUIR

(Pyrénées-Orientales).

Thuir, le 28 mai 1890.

Mon cher Monsieur Joué,

Depuis deux ans, vous voulez bien professer dans mon école l'agriculture et la viticulture générales ; depuis deux ans aussi vous dirigez en temps voulu les excursions destinées à initier mes élèves aux travaux des champs, aussi je viens rendre un hommage public à votre zèle et à votre dévouement tout désintéressés.

La méthode que vous avez adoptée me paraît — surtout si je considère les résultats obtenus — la plus simple et la plus pratique. Avant votre leçon, vous donnez à chaque élève, non pas un sommaire du sujet, mais un questionnaire répondant à tout — absolument à tout — ce que l'enfant va entendre et lui facilitez ainsi une tâche très ingrate. Que peut-ou exiger, en effet, d'esprits jeunes et peu faits pour la plupart à des études, je ne dirai pas élevées, mais demandant un peu d'attention ?

Votre méthode par interrogations est si simple que l'élève apprend et retient beaucoup plus facilement vingt questions (à peu près deux pages de votre cours), que dix lignes les unes à la suite des autres. Aussi les instituteurs qui l'adopteront — et ils seront nombreux, vous pouvez en être certain — pourront enseigner sans difficulté aucune, et avec succès, l'agriculture à leurs élèves.

Un riche musée scolaire que vous avez établi avec un soin tout spécial vient encore contribuer à faciliter cette étude en donnant à l'enfant une idée nette et précise de ce qu'il apprend.

En effet, pour bien comprendre ce qu'on lui explique, l'élève doit toucher du doigt, tenir dans ses mains les choses dont on lui parle. A cet effet, votre musée remplacera avantageusement les gravures mises dans les ouvrages, toutes pour la plupart, inexactes et de petites dimensions et qui quelquefois peuvent fausser les idées de l'enfant.

Je ne puis donc que vous féliciter, mon cher Monsieur Joué, de la bonne inspiration que vous avez eue de publier votre cours sous la forme interrogative, car en ce moment où nous, instituteurs, sommes appelés à professer cette matière, nous trouverons dans ce modeste ouvrage un excellent et précieux auxiliaire.

Daignez agréer, cher collaborateur, mes salutations les plus empressées.

Le Directeur de l'école de Thuir,

J. JALAT.

Perpignan, le 7 mai 1890.

Nous empruntons l'article suivant au N° 2927 du journal l'*Éclaireur* de Perpignan :

ENSEIGNEMENT AGRICOLE

Le *Bulletin de l'Instruction publique* annonçait dernièrement que, dans quelques-unes de nos localités, des agriculteurs dévoués préparent nos jeunes gens à l'étude du sol et à la culture raisonnée.

« Les élèves de la première classe de l'école de garçons de Canet suivent, grâce au concours que prête à l'instituteur M. Lafon fils, un cours régulier d'agriculture qui est accompagné de promenades scolaires appropriées. Ce cours se composera de vingt-et-une leçons suivant le plan général nettement établi. Des élèves ont déjà fait des exercices qui sont l'application régulière du plan adopté par l'instituteur.

« L'enseignement agricole est aussi régulièrement organisé à l'école de garçons de Thuir.

« M. Joué, diplômé de l'école d'agriculture de

Montpellier, prête un précieux concours au directeur de l'école. Chaque élève reçoit, quelques instants avant la leçon, une copie du plan de cette leçon qui a été préparé par les professeurs. Ces plans, sous forme de questionnaires, sont très clairs et permettent à l'élève de suivre la leçon avec fruit. »

Je manque encore de détails sur la méthode adoptée à Canet, mais j'ai sous les yeux celle de Thuir et je me fais un devoir d'ajouter quelques renseignements à la note forcément sommaire de l'inspection académique.

On ne saurait trop encourager d'aussi généreuses initiatives.

L'école de Thuir a eu quatre élèves récompensés par le Département pour le travail auquel ils se sont livrés avec assiduité et pour les progrès qu'ils ont rapidement accomplis sous l'habile direction de M. Léon Joué.

L'enseignement se divise en deux parties : un cours théorique chaque semaine ; une excursion tous les 15 jours, quelquefois toutes les semaines si le professeur peut soumettre aux élèves quelque opération intéressante. C'est la mise en pratique, devant la nature, des leçons préparatoires données entre les murs de l'école.

Un questionnaire sur la leçon est remis à chaque élève, quelques heures avant le cours.

L'esprit se trouve ainsi au courant de ce qui va être dit et démontré. Le système du questionnaire facilite considérablement l'effort de la mémoire.

Il faut deux ans au maître pour faire parcourir à la classe l'échelle des connaissances indispensables ; aussi le cours est-il divisé en première et deuxième années, avec le programme suivant :

1re *Année*. — Préliminaires comprenant : notions de botanique, géologie, minéralogie et chimie agricole élémentaire. ·

Etude des trois agents de la production : sol, engrais et instruments de culture.

2° *Année*. — Travaux des champs, étude des différentes cultures et tout spécialement de la vigne. Maladies et parasites de ces cultures. moyens de les combattre. — Fabrication et étude du vin. — Animaux domestiques.

M. Léon Joué complète son enseignement théorique par l'examen attentif, fait par chaque élève, des produits et instruments agricoles qu'il a collectionnés sous forme de musée scolaire (Musée d'amateur, mais très complet, ainsi que j'ai pu m'en rendre compte *de visu*).

Des tab'eaux de la maison Armangeaud aîné, ingénieur à Paris, sont également examinés et permettent à l'élève de voir ce qu'il est impossible de posséder dans un petit Musée.

Une fois par mois, après les heures de classe,

le professeur procède à des interrogations sur son cours ; M. le directeur de l'école interroge le lendemain même de chaque séance.

Une fois par mois, également, la classe doit rédiger une composition agricole comprenant un problème et une question du cours.

Comment nos futurs viticulteurs roussillonnais n'auraient-ils pas des connaissances étendues sur tout ce qui se fait et tout ce qui s'invente, lorsque l'enseignement agricole leur est offert gratuitement, en même temps que l'enseignement scientifique et littéraire ? Et cela, dès l'enfance, à l'âge où le cerveau recueille d'impérissables impressions.

C'est une très heureuse et très louable innovation.

J'apprends que le musée scolaire de Thuir sera exposé au Concours régional de Perpignan ; il deviendra un type précieux pour les écoles qui auront à honneur de s'organiser.

Nous applaudirons des deux mains, en souhaitant que toutes les communes aient leur Joué comme Thuir, et leur Lafon comme Canet, de manière que la pépinière des bons cultivateurs s'agrandisse d'année en année et que la richesse du savoir vienne doubler la richesse de la terre.

Émile BROUSSE.

CATÉCHISME
AGRICOLE ET VITICOLE

PRÉLIMINAIRES

1. *Qu'est-ce que la terre ?*

La terre, que nous cultivons, est le résultat de la désagrégation **des roches** qui constituent les couches géologiques du globe.

2. *Qu'entend-on par roche ?*

Toute espèce de matière minérale réunie en masse, que cette matière soit dure, molle ou pulvérulente. Vulgairement, on désigne sous ce nom toute matière solide et dure.

3. *Comment se produit cette désagrégation ?*

Sous l'action simultanée et lente de l'acide carbonique de l'air, des pluies, des vents, de l'oxygène, etc., action qui se produit encore de nos jours.

4. *Indiquez l'origine des roches constituant l'écorce terrestre.*

Deux origines distinctes : les unes ont été formées par le feu et portent le nom de roches **ignées** ; ce sont : les **granites**, les **porphyres**, les **trachytes**, les laves ; les autres ont été formées par les eaux et portent le nom de roches **sédimentaires**; ce sont : les **grès, sables, calcaires, argiles, marnes**, etc.

5. *Combien y a-t-il de catégories de corps sur la terre ?*

Deux catégories bien distinctes : 1º les corps **bruts, inorganiques ou inertes** ; 2º les corps **vivants, organisés.**

6. *Qu'entendez-vous par corps inorganiques ?*

Des corps dépourvus d'organes, d'instruments capables de concourir aux différentes fonctions qui constituent la vie et qui, privés d'existence indépendante, s'accroissent, sans se nourrir, par simple **juxtaposition** de particules nouvelles. Leur existence ne comporte aucune dépense des matériaux qui les constituent.

7. *Qu'entendez-vous par corps organiques ?*

Des corps qui naissent, se nourrissent, se reproduisent et meurent.

8. *Ils naissent ?*

C'est-à-dire qu'ils sont engendrés par des êtres également doués de la vie, par des parents pourvus d'organes analogues aux leurs, jouissant des mêmes propriétés vitales et exerçant au sein de la nature un rôle identique à celui que les nouveaux venus vont accomplir à leur tour.

9. *Ils se nourrissent ?*

C'est-à-dire qu'ils entretiennent la vie qui est en eux par tout ce qui peut en réparer les déperditions.

10. *Ils se reproduisent ?*

C'est-à-dire qu'ils donnent naissance à des êtres destinés à perpétuer leur espèce par une succession de générations.

11. *Ils meurent ?*

C'est-à-dire cessent d'exister, d'accomplir à la surface de la terre les fonctions qui leur sont propres.

12. *Combien de groupes forment les corps inorganiques ?*

Un seul : les **minéraux.**

13. *Que sont les minéraux ?*

Des corps bruts, privés de la vie, du sentiment et du mouvement.

14. *Combien de groupes forment les corps organiques ?*

Deux : les **animaux** et les **végétaux.**

15. *Que sont les animaux ?*

Des corps organisés, doués de la vie, du mouvement spontané et du sentiment.

16. *Que sont les végétaux ?*

Des corps organisés, doués de la vie, mais privés du mouvement spontané et du sentiment.

17. *Donnez-nous les caractères distinctifs des corps organiques et des corps inorganiques ?*

Les principaux sont : l'origine, la **forme**, la **durée**, le mode d'accroissement, la **structure**, la composition élémentaire ou chimique.

18. *Quelle est l'origine des corps organiques ?*

Ils proviennent d'êtres semblables dont ils reçoivent le principe de la vie.

19. *Quelle est l'origine des corps inorganiques ?*

Ils dépendent entièrement des lois physiques ou chimiques (affinité). L'homme peut former de l'eau, des acides, des sels, etc.

20. *Quelle est la forme des corps organiques ?*

En général ronde ou circonscrite par des surfaces courbes ou des contours curvilignes.

21. *Quelle est la forme des corps inorganiques ?*
Régulière, géométrique, dans leur état de pureté.

22. *Quelle est la durée des corps organiques ?*
Limitée. Trois périodes dans leur évolution (naissent, vivent et meurent).

23. *Quelle est la durée des corps inorganiques ?*
Éternelle. Ne sont détruits que si une cause quelconque désagrège leurs molécules ou les engage dans d'autres combinaisons.

24. *Quel est le mode d'accroissement des corps organiques ?*
Est maintenu dans certaines limites. Il se fait par intussusception et les tissus, tout en augmentant de volume, conservent la même forme.

25. *Quel est le mode d'accroissement des corps inorganiques ?*

Indéfini. Il se fait par **juxtaposition** de nouvelles particules.

26. *Quelle est la structure des corps organiques?*

Composés de parties distinctes, formées d'éléments variables, solides ou liquides et dont l'ensemble constitue les organes.

27. *Quelle est la structure des corps inorganiques?*

Composés de molécules similaires. Les minéraux ont une structure absolument homogène, chaque partie d'eux-mêmes possède les caractères de la masse entière.

28. *Quelle est la composition chimique des corps organiques?*

Complexe. Leurs éléments constitutifs sont : **carbone, oxygène, hydrogène, azote** (instabilité).

29. *Quelle est la composition chimique des corps inorganiques?*

En général, fort simple. Tantôt composés de molécules de même nature (fer, cuivre), tantôt formés par la réunion de deux ou plusieurs éléments chimiques combinés dans des proportions simples et définies. (Stabilité et fixité des éléments).

30. *Donnez-nous les caractères distinctifs des animaux et des végétaux ?*

Les principaux sont : le **mouvement**, la **sensibilité**, le **mode de nutrition**, la **structure**, la **composition chimique.**

31. *Qu'entendez-vous par mouvement des animaux ?*

La faculté, qu'ont la plupart, de se mouvoir, c'est-à-dire de se transporter volontairement d'un lieu dans un autre.

32. *Les végétaux sont-ils doués du mouvement ?*

Non, aucun ne possède cette faculté.

33. *Qu'entendez-vous par sensibilité des animaux ?*

La faculté qu'ils ont de percevoir les impressions du dehors et d'en avoir conscience (système nerveux).

34. *Les végétaux sont-ils doués de sensibilité ?*

Non, ils en sont complètement dépourvus ou du moins n'en produisent aucune manifestation.

35. *Quel est le mode de nutrition des animaux ?*

Ils sont pourvus d'un canal intérieur (canal digestif) dans lequel les aliments sont introduits et élaborés avant de servir à la nutrition.

36. *Quel est le mode de nutrition des végétaux ?*

Ils puisent directement dans le sol par leurs racines, dans l'atmosphère par leurs branches et feuilles, les matériaux (eau, gaz, sels, etc.) qui doivent les former et les entretenir.

37. *Quel est le mode de respiration des animaux ?*

Il consiste dans l'absorption de l'oxygène et le dégagement d'une certaine quantité d'acide carbonique.

38. *Quels sont les modes de respiration des végétaux ?*

Une respiration générale pareille à celle des animaux et une respiration spéciale qui n'a lieu que pendant le jour et est l'inverse de celle des animaux.

39. *Quelle est la structure des animaux ?*

Elle est complexe. Formée de divers tissus (cellulaire, fibreux, musculaire, etc.) affectés à des usages spéciaux.

40. *Quelle est la structure des végétaux ?*

Plus simple que celle des animaux. Composée de deux tissus uniques (cellulaire et vasculaire), qui suffisent à la formation de tous les organes.

41. *Quelle est la composition chimique des animaux ?*

Quatre éléments principaux : **carbone, oxygène, hydrogène, azote,** dont la présence est constante au moins dans les parties solides (os, muscles, etc.) essentielles à leur constitution.

42. *Quelle est la composition chimique des végétaux ?*

Une seule matière, la **cellulose,** composée de **carbone, oxygène, hydrogène,** constitue tous les organes végétaux (tiges, racines, feuilles, etc.)

43. *Quels sont les organes des végétaux ?*

Il y a deux catégories : les organes de **nutrition** et ceux de **reproduction.**

44. *Quels sont les organes de nutrition ?*

Ils sont au nombre de trois : les **racines, les tiges** et les **feuilles.**

45. *Quels sont les organes de reproduction ?*

Ils sont au nombre de trois : les **fleurs**, les **fruits** et les **graines**.

46. *Qu'est-ce que la racine ?*

C'est la partie souterraine du végétal, celle qui se ramifie dans le sol de manière à y adhérer plus ou moins fortement, l'organe le plus durable, car tandis que la vie cesse dans les feuilles et les tiges, elle persiste dans les racines qui ne cessent de croître même pendant l'hiver.

47. *La racine est-elle toujours souterraine ?*

Non ; quelquefois elle flotte au milieu de l'eau comme dans les **lenticules** et porte alors le nom d'**aquatique**, ou bien elle s'implante, comme celle du **gui**, sur le tronc des arbres et est alors **aérienne** ; il arrive même qu'elle adhère à la racine d'autres plantes, comme dans les **orobranches**.

48. *La racine existe-t-elle dans tous les végétaux ?*

Non, les champignons, les algues, les mousses en sont dépourvus.

49. *Quel est le rôle de la racine ?*

Fixer d'abord le végétal dans le sol et y puiser ensuite avec une voracité insatiable les sucs nécessaires à la vie de la plante.

50. *En combien de parties peut-on diviser la racine ?*

En deux, qui sont : le **corps**, de forme et de consistance variées, et les **radicelles** ou **chevelu** qui la terminent.

51. *Qu'entendez-vous par racines adventives ?*

Des radicelles naissant sans ordre et qui peuvent se développer sur tiges, feuilles, fruits, etc. (figuier de Barbarie, maïs).

52. *Quels sont les petits organes qui recouvrent les racines ?*

Les **radicelles**, filaments grêles, symétriquement alignés, dont l'ensemble constitue le **chevelu**. Celui-ci peut devenir énorme au contact de l'eau qu'il va puiser, après beaucoup de tentatives audacieuses, après avoir transpercé, fendu, disloqué les terrains compactes, dans un puits avoisinant, dans un tuyau de drainage qu'il obstrue (queue de renard dans le saule).

53. *Quelles sont les formes affectées par la racine ?*

Très variées. Elle reçoit, à cet effet, des noms spéciaux fort bien appropriés : **pivotante** (radis, carotte, navet, chou), **fibreuse** (palmiers, asperges, graminées), **tubériforme** (dahlias, pivoine, filipendule).

54. *Donnez quelques exemples ?*

Ainsi, la racine du blé est **superficielle** parce que la plante étant annuelle trouve abondamment sa nourriture à la surface du sol, et est pourvue de beaucoup de **radicelles** afin de suffire au développement rapide du **chaume**.

La racine du chêne est, au contraire, **pivotante**, parce que cet arbre étant vivace, elle doit aller puiser loin du tronc les sucs nourriciers qui ont été enlevés, les années précédentes, dans le voisinage de l'arbre.

55. *Qu'est-ce que la sève ?*

C'est un fluide incolore et transparent, le véritable sang des plantes, qui, pour acquérir sa puissance organisatrice, doit subir certaines transformations, une modification profonde dans la partie verte des feuilles. C'est lui qui, au printemps, coule si abondamment des branches de la vigne quelques jours après qu'on l'a taillée.

56. *De quoi est-elle formée ?*

D'eau qui tient en dissolution les divers principes solides et gazeux qui se trouvent dans les plantes.

57. *Comment la divise-t-on ?*

En deux catégories : sève **ascendante** quand elle va de la racine aux feuilles, sève **descendante** quand elle va des feuilles aux racines.

58. *Qu'est-ce que la sève ascendante ?*
C'est la sève **brute**.

59. *Qu'est-ce que la sève descendante ?*

C'est une substance mucilagineuse, inodore et insipide ; c'est la sève brute qui a été modifiée dans les parties vertes par la respiration et la transpiration.

60. *Quelle est sur elle l'action du froid ?*

Le froid ralentit sa marche, mais ne la suspend pas, puisque les bourgeons grossissent durant l'hiver.

61. *Quelle est sur elle l'action de la chaleur et de l'électricité ?*

La chaleur active sa marche et l'électricité la développe puissamment, comme il a été observé dans les années d'orage, par les pousses beaucoup plus longues dans la vigne.

62. *Qu'entend-on par sucs propres ?*

Des fluides plus épais que la sève et diversement colorés, comme on en distingue dans certaines plantes.

63. *Que sont ces sucs ?*

Résineux dans le pin ; **gommeux** dans le caoutchouc ; **blancs** dans le figuier et le pavot ; **jaunes** dans l'herbe aux verrues, etc.

64. *La sève circule-t-elle dans toutes les plantes ?*
Non. (Champignons, algues, lichens).

65. *Comment se fait l'ascension de la sève ?*
Par endosmose, capillarité et transpiration.

66. *Quel est le fait qui vous donne une idée de la réalité voisine de la racine ?*

C'est le spectacle vraiment fantastique que présente au bord d'un lac limpide, l'arbre qui paraît renversé dans les eaux. On voit par là que le groupe de racines répète sous le sol la configuration approximative de la couronne aérienne. A chaque grosse branche correspond une forte racine.

67. *Y a-t-il cependant proportion entre la tige et la racine ?*

Non. La luzerne, qui a des tiges de petite dimension (0,25 à 0,40), a des racines très longues (3 à 4 mètres).

Le hêtre, au contraire, a des tiges très longues (10 à 20 mètres) et des racines très courtes.

68. *Qu'est-ce que la tige ?*

C'est ce cou démesuré, cette sorte de colonne verté-brale que l'on trouve dans toutes les plantes, même les plus raccourcies (carottes) que les botanistes anciens, trompés sans doute par les apparences, avaient désigné sous le nom d'**acaules** (sans tiges). Elle renferme des fibres dures qui lui donnent la solidité nécessaire à un support et de nombreux vaisseaux qui servent à la circulation des sucs puisés dans le sol par les racines.

69. *Quel est le rôle de la tige ?*

Elle assimile (lorsqu'elle est verte), transporte la **sève** des racines aux feuilles et aux racines le liquide élaboré par les feuilles et sert de support aux rameaux, aux feuilles et aux fleurs.

70. *Quelles sont les formes affectées par la tige ?*

Elles sont au nombre de trois, strictement définies pour les tiges aériennes et dont on trouve les types dans les arbres de notre climat, savoir : **tronc, stipe, chaume** ; au nombre de deux pour les tiges souter-raines, savoir : **rhizome** et **bulbe.**

71. *Qu'est-ce que le tronc ?*

C'est un cône fort allongé pourvu de branches, lesquelles portent des rameaux. Il se compose de deux parties : le **fut** et la **cime**, et présente dans sa coupe transversale trois autres parties distinctes : **écorce, bois, moelles.**

72. *Qu'est-ce que le fut ?*

C'est la partie nue du tronc.

73. *Qu'est-ce que la cime ?*

C'est la partie qui porte les **branches**.

74. *Qu'est-ce que l'écorce ?*

C'est la partie la plus extérieure. Elle se compose de couches assez nombreuses.

75. *Qu'est-ce que le bois ?*

C'est la partie suivante qui se compose de zones concentriques formées de vaisseaux variés. Chaque année la végétation dépose entre l'écorce et le bois une zone de plus au tronc.

76. *Qu'est-ce que la moelle ?*

Une partie qui tend à disparaître dans le vieux **bois**. Elle est presque exclusivement composée de **cellules**.

77. *Qu'est-ce que la cellule ?*

C'est l'élément créateur des divers organes vivants de la plante. Tout l'édifice végétal dérive de cet **atome** vivant qui est le dernier terme auquel conduit l'analyse d'un être organisé.

78. *Qu'entendez-vous par atome ?*

Une petite, infiniment petite masse matérielle, possédant une étendue réelle et un poids constant, mais que nulle force physique ou chimique ne saurait diviser davantage.

79. *Qu'entendez-vous par molécule ?*

Un groupe plus ou moins complexe d'atomes d'espèces différentes, associés de manière à former une combinaison.

80. *Qu'entendez-vous par combinaison ?*

L'union de plusieurs corps en un certain nombre de proportions toutes déterminées et constantes.

81. *Qu'est-ce que le stipe ?*

C'est une tige non conique ayant même grosseur au sommet et à la base et dépourvue de ramifications et d'écorce (palmier). Son accroissement annuel se fait dans tous les sens et non à la circonférence ; aussi la coupe transversale ne présente-t-elle pas de zones concentriques : on ne trouve également pas de moelle.

82. *Qu'est-ce que le chaume ?*

C'est une tige creuse offrant des **nœuds** de distance en distance (blé).

83. *Qu'est-ce que le nœud dans une tige ?*
Le point où naissent les feuilles.

84. *Qu'appelle-t-on entre-nœud ou mérithalle ?*
L'espace compris entre deux nœuds.

85. *Quelles sont les formes affectées par la tige ?*
Très variées. Elle reçoit, à cet effet, des noms spéciaux fort bien appropriés : **volubile, grimpante, sarmenteuse**, etc.

86. *Qu'entendez-vous par tige volubile ?*

Celle qui s'enroule en tire-bouchon autour des supports (liseron, haricots, etc.)

87. *Qu'entendez-vous par tige grimpante ?*

Celle qui ne peut pas se tenir elle-même et qui se fixe par des crampons (lierre).

88. *Qu'entendez-vous par tige sarmenteuse ?*

Celle qui ne peut pas se tenir verticalement et doit être fixée sur des supports auxquels elle s'attache au moyen des vrilles. On donne également ce nom aux tiges ligneuses souples de certaines plantes (vigne).

89. *La tige est-elle toujours aérienne ?*

Non. Elle est quelquefois souterraine : **souche ou rhizome, bulbe ou oignon et tubercule.**

90. *Qu'entendez-vous par rhizome?*

Les tiges souterraines de certaines plantes vivaces, qui, courant sous terre, poussent de leur extrémité antérieure de nouvelles feuilles et fleurs, à mesure que leur extrémité postérieure se détruit (muguet, iris flambe).

91. *Qu'entendez-vous par bulbe ?*

Une tige souterraine, arrondie en bas et plus ou moins conique en haut, qui possède à sa partie inférieure des racines et à sa partie supérieure des écailles ou tuniques, du milieu desquelles s'élance le rameau qui porte les fleurs (porreau, jacinthe, lis blanc).

92. *Qu'entendez-vous par tubercule ?*

Une tige souterraine charnue, courte, renflée et ordinairement assez régulière (pomme de terre).

93. *Donnez-nous les caractères distinctifs des tubercules et des bulbes ?*

Le tubercule, contrairement au bulbe, n'a ni écailles ni tuniques, est constitué par une masse charnue et continue, a des racines sur toute sa surface et plusieurs yeux.

94. *Qu'entendez-vous par yeux ?*

Des bourgeons qui produisent des rameaux portant des feuilles et des fleurs.

95. *Qu'entendez-vous par tige définie ?*

Celle dont l'extrémité supérieure est terminée par une fleur et a ainsi la végétation arrêtée.

96. *Qu'entendez-vous par tige indéfinie ?*

Celle dont les fleurs sont situées sur les côtés et dont l'extrémité de l'axe primitif est surmontée d'un bourgeon foliaire.

97. *La tige jeune s'accroît-elle d'une manière droite ?*

Non, son extrémité tourne (circummutation) et le côté exposé au soleil croît plus que le côté opposé.

98. *La tige respire-t-elle ?*

Oui, lorsqu'elle est verte.

99. *La lumière influe-t-elle sur l'accroissement de la tige ?*

Oui, elle a une action retardatrice, c'est-à-dire que la tige d'une plante mise à l'obscurité grandira plus vite que celle de la même plante exposée au soleil.

100. *Qu'est-ce que la feuille ?*

C'est un organe excessivement varié dans ses aspects et multiple dans ses transformations, servant de bouclier protecteur aux bourgeons qui naissent à son aisselle et par suite aux fleurs et aux fruits.

101. *Quel est le rôle de la feuille ?*

Un des plus importants de la vie végétale. C'est une véritable usine fonctionnant avec ardeur lorsque le soleil rayonne, rafraîchissant la plante par le phénomène de la transpiration, épaississant la sève qui, au contact de l'air, s'élabore et devient créatrice. Dans ce dernier cas, elle agit comme les poumons chez les animaux, absorbant de préférence toutes les matières volatiles nuisibles à l'économie animale vivante et entretenant ainsi la salubrité autour d'elle.

102. *Quelles sont donc ses fonctions principales ?*

1° Absorption ; 2° Transpiration ; 3° Respiration.

103. *Qu'absorbent les feuilles ?*

Des gaz et des liquides.

104. *Comment peut-on le démontrer ?*

En les plongeant dans un vase contenant un gaz en communication avec un **manomètre à mercure ;** on voit le niveau du liquide baisser à mesure que se fait l'absorption gazeuse.

Par une expérience identique on démontre l'absorption des racines.

105. *Qu'est-ce qu'un manomètre à mercure ?*

C'est un instrument destiné à mesurer les forces élastiques des gaz ou des vapeurs.

106. *Qu'entend-on par absorption ?*

L'action par laquelle les tissus organiques font pénétrer dans leur intérieur les molécules extérieures.

107. *Qu'entend-on par transpiration ?*

La fonction par laquelle la sève parvenue dans les feuilles laisse échapper la quantité surabondante d'eau qu'elle renferme.

108. *A quoi fait-elle équilibre ?*
A l'absorption.

109. *Quel rapport existe-t-il entre la transpiration et l'absorption ?*

Ces deux fonctions doivent être égales : si l'une s'exerce avec plus de force que l'autre, la plante languit et finit par périr.

110. *Comment se manifeste la transpiration ?*

Généralement, l'eau se répand dans l'atmosphère à l'état de vapeur ; mais, si la température passe rapidement d'un degré plus chaud à un degré plus froid, l'eau se forme en gouttelettes.

111. *Combien de sortes de respiration dans les feuilles ?*
Deux : diurne et nocturne.

112. *Quels sont les résultats de la respiration diurne ?*

1º La plante, sous l'influence de la lumière, absorbe l'acide carbonique de l'air.

2º Elle décompose et retient le **carbone.**

3º Elle retient, en outre, une faible quantité de l'oxygène et en restitue la plus grande partie à l'atmosphère.

113. *Quel est le résultat de la respiration nocturne?*

La plante, dans l'obscurité complète, absorbe l'oxygène et exhale l'acide carbonique.

114. *Comment respirent toutes les parties non colorées en vert?*

D'une seule et même façon, à la lumière comme dans l'obscurité.

115. *Qu'est-ce que l'air?*

C'est un fluide invisible, transparent, inodore, insipide, pesant, compressible, élastique, qui forme autour de la terre une couche nommée atmosphère.

116. *Quelle est sa composition?*

Le mélange est dans les proportions suivantes :

Oxygène	20,90
Azote	79,06
Acide carbonique	00,04
	100,00

117. *Qu'est-ce que le carbone?*

Pour les chimistes, c'est le charbon pur.

Dans la nature, ce corps se présente sous des états divers : diamant, houille, graphite, noir de fumée, etc.

118. *Quel est son rôle dans les plantes?*

Il constitue la base de la charpente et des principes immédiats de toute plante, par sa combinaison avec l'hydrogène, l'oxygène et l'azote.

119. *Qu'est-ce que l'acide carbonique?*

Un gaz sans couleur mais ayant une odeur faible, légèrement piquante. Il constitue un des éléments de l'air atmosphérique et est formé par la combinaison de l'oxygène de l'air avec le carbone.

120. *Sous quelle influence la feuille produit-elle sa décomposition?*

De la **chlorophylle** qui, sous l'influence de la lumière, retient le carbone pour en constituer la base de ses tissus, le corps ligneux, et exhale l'oxygène.

121. *Le carbone n'est-il fourni que par l'air ?*

Non, l'eau que les racines pompent renferme aussi de l'acide carbonique, mais en quantité très minime.

122. *En combien de parties constitutives peut-on diviser une feuille ?*

Quatre, savoir : **gaîne, pétiole, limbe et stipules.**

123. *Qu'est-ce que la gaîne?*

C'est la partie qui attache la feuille à la tige ; elle est d'autant plus large et plus haute que les autres parties (limbe et pétiole) atteignent une plus grande dimension.

124. *Se présente-t-elle sous diverses formes?*

Oui. Les graminées, l'angélique, la ferule, la rhubarbe l'ont très développée et embrassant toute la tige. Le lierre, au contraire, l'a faible et n'entourant qu'une partie de la tige.

125. *Qu'est-ce que le pétiole ?*

C'est la queue de la feuille. Elle porte le limbe et l'écarte de la tige d'autant plus qu'elle est allongée.

126. *Se présente-t-il sous diverses formes?*

Oui. Le plus souvent, il est **arrondi** (lierre, pivoine),

plus rarement **canaliculé** (sycomore), quelquefois **comprimé** (peupliers, tremble), **aplati** (oranger), **gonflé** (mâcre des étangs), etc...

127. *Qu'est-ce que le phyllode?*

La modification la plus importante du pétiole, qui est dilaté dans sa partie moyenne en une lame foliacée, puis resserré de nouveau avant de former le véritable limbe (certains acacias).

128. *Qu'est-ce que le limbe?*

La partie de la feuille qui est formée par l'épanouissement des fibres du pétiole. Elle est ordinairement aplatie.

129. *Comment appelle-t-on les fibres qui parcourent le limbe?*

Nervures. La principale qui partage la feuille en deux moitiés semblables est formée par le prolongement du pétiole et constitue la **côte** ou **nervure médiane.**

130. *Quelle est la disposition des nervures dans le limbe?*

Très variable. Elle reçoit, à cet effet, des noms fort bien appropriés : **unique** (mousses, frêles, lycopodes, pin, sapin, cyprès, etc., etc.) ; **pennée** (hêtre, coudrier, bananier) ; **palmée** (vigne, mauve, lierre) ; **parallèle** (graminées, jacinthe, narcisse, etc.).

131. *Qu'est-ce que les stipules?*

De petits organes foliacés situés de chaque côté de la base de certaines feuilles. Ils sont dus à une expansion du pétiole et constituent les annexes de la gaîne.

132. *Que doit-on distinguer dans une feuille ?*

Quatre parties : **base, sommet, côte et faces.**

133. *Quelle est la couleur de la feuille ?*

Habituellement **verte** par suite de la grande quantité de grains de **chlorophylle** que renferment les cellules ; quelquefois **glauque** (œillet, choux, avoine) ; **marbrée, panachée, rayée de blanc** (fusain) ; **rouge** ou marbrée de rouge et de jaune (hêtre, coudrier).

Il y a des feuilles qui, rouges dans leur jeunesse, finissent par devenir vertes (chêne, poirier).

134. *Qu'entendez-vous par chlorophylle ?*

C'est une matière colorante verte qui se montre sous la forme de globules distincts ou de flocons nuageux.

135. *Quelle est la durée des feuilles ?*

Variable. On distingue des feuilles **caduques, marcescentes, persistantes.**

136. *Combien de catégories peut-on établir dans les feuilles ?*

Deux grandes : feuilles **simples** et feuilles **composées.**

137. *Qu'entendez-vous par feuilles simples ?*

Celles dont le limbe est formé d'une seule pièce et réunit les nervures en un seul appendice foliacé.

138. *En combien de catégories peut-on classer les feuilles simples d'après leur transformation ?*

En une grande quantité ; signalons : **entières** (lilas, iris, nénuphar) ; **dentées** (orme, châtaignier) ; **cré-**

nelées (lierre, bétoine); **fendues** (chêne, ricin, vigne, érable); **partagées** (aconit, coquelicot); **quadri-multi-sequées** (fraisier, cresson d'eau, géranium), etc.

139. *Qu'entendez-vous par feuilles composées?*

Celles dont chaque lobe du limbe qui entoure les nervures secondaires ne s'étend pas jusqu'à la nervure principale.

140. *Quels noms porteront les feuilles composées suivant leur mode de nervation ?*

Elles seront **permées** (acacia vulgaire), ou **palmées** (marronnier d'Inde).

141. *Ne peut-on pas les désigner autrement ?*

Oui, suivant le nombre de leurs folioles on les appellera : **bifoliolées**, **trifoliolées**, **multifoliolées**.

142. *Quels noms reçoivent les feuilles relativement à leur disposition sur la tige ?*

On les appelle : **alternes** (tilleuls); **opposées**, (sauge, œillet, lilas); **géminées** (belladone); **éparses** (linaire commune); **verticillées** (laurier rose, garance, caille-lait); **distiques** (orme); **unilatérales** (sceau de Salomon); **radicales** (primevère); **caulinaires** (bourrache); **florales** (origan); **decurrentes** (bouillon blanc); **amplexicaules** (pavot somnifère); **engaînantes** (maïs), etc.

143. *Combien de catégories de feuilles suivant leur structure ?*

Deux : 1° **aériennes** ; 2° **aquatiques**. Celles de

cette dernière catégorie peuvent être **submergées** ou **surnageantes** (nénuphar).

144. *Y a-t-il d'autres catégories?*

Oui. Par rapport au pétiole : **sessiles** (buis) ; **peltées** (capucine) et **pétiolées**.

D'après les échancrures de leur base : **en cœur** (violette hérissée); **réniformes** (lierre terrestre); **sagittées** (sagittaire); **hastées** (gouet à feuilles tachées).

D'après leur figure : **ovales** (grande pervenche); **obovales** (samole de Valerand) ; **elliptiques** (muguet odorant) ; **oblongues** (helianthème commun); **lancéolées** (laurier rose); **subulées** (genévrier); **capillaires** (asperge), etc.

145. *Les feuilles ont-elles des mouvements?*

Oui ; certaines feuilles, leur croissance achevée, commencent à se mouvoir périodiquement sous l'influence de causes internes encore inconnues.

146. *En quoi consistent ces mouvements?*

En un abaissement et un relèvement alternatifs de la feuille entière et de chacune de ses folioles, si elle est composée.

147. *Dans quelles plantes l'observe-t-on?*

Dans les feuilles d'un certain nombre de légumineuses (mimosa, trèfle, acacia, de beaucoup d'oxalides, etc.)

148. *Qu'entend-on par renflement moteur?*

Un renflement situé à la base du pétiole et qui est le siège exclusif de la courbure.

149. *N'y a-t-il pas dans les feuilles des mouvements autres que le mouvement périodique spontané?*

Oui, les mouvements de veille et de sommeil que provoque la radiation.

150. *En quoi consistent-ils?*

Mise brusquement dans l'obscurité, la feuille tantôt s'abaisse, tantôt se relève suivant la plante ; replacée à la lumière, la feuille reprend sa direction.

151. *Les feuilles n'ont-elles pas de mouvements d'irritabilité?*

Oui, certaines feuilles sont sensibles à l'attouchement et à l'ébranlement.

152. *Citez quelques plantes?*

La sensitive est très sensible. Divers Robinia, divers Oxalis, divers Mimosa le sont à un degré plus faible.

153. *Qu'entend-on par bourgeons?*

Des organes de nature complexe renfermant l'ébauche des rameaux, des feuilles et des fruits.

154. *Qu'appelle-t-on bourgeons latéraux et bourgeons terminaux?*

Latéraux ceux qui naissent à l'aisselle des feuilles ; **terminaux** ceux qui sont à l'extrémité des rameaux.

155. *Qu'appelle-t-on bourgeons prompts ou anticipés?*

Ceux qui s'épanouissent l'année même de leur naissance sur des arbres vigoureux.

156. *Qu'appelle-t-on bourgeons normaux ?*

Ceux qui se développent sur les jeunes pousses à l'aisselle des feuilles.

157. *Qu'appelle-t-on bourgeons adventifs ?*

Ceux qui apparaissent sur des organes d'un âge avancé et en un point quelconque de leur étendue.

158. *Qu'est-ce que la préfoliation ?*

La disposition des jeunes feuilles dans le bourgeon.

159. *Quels sont les principaux modes de préfoliation ?*

1° **Appliquées face à face** (mélisse) ;

2° **Pliées,** tantôt en longueur moitié sur moitié (syringa), tantôt de haut en bas et plusieurs fois sur elles-mêmes (aconit) ;

3° **Plissées** suivant leur longueur (vigne, groseillier) ;

4° **Roulées** sur elles-mêmes (renouées, abricotier, fougères).

160. *Quelles sont les différentes espèces de bourgeons ?*

1° **Foliifères** c'est-à-dire à bois (bois-gentil) ;

2° **Florifères** c'est-à-dire à fleurs (poiriers, pommiers) ;

3° **Mixtes** c'est-à-dire renfermant feuilles et fleurs (lilas).

161. *Peut-on reconnaître des espèces de bourgeons suivant leur forme ?*

Oui. Le bourgeon **florifère** est assez gros, ovoïde et arrondi.

Le bourgeon **foliifère** est effilé, allongé et pointu.

162. *Qu'entend-on par turion ?*

Le bourgeon souterrain situé au **collet** des racines des plantes vivaces, bourgeon qui doit réparer chaque année la tige qui se flétrit.

163. *Qu'entend-on par branches ?*

Les divisions de la tige.

164. *Qu'entend-on par rameaux et ramuscules ?*

Les divisions des branches et des rameaux.

165. *Quelle est leur origine ?*

Elles commencent toutes par un bourgeon.

166. *Quelles sont leurs principales dispositions ?*

Alternés (chène), **opposés** (marronnier), **verticillés** (pin, sapin), **dressés** (peuplier d'Italie), étalés (griottier), **divergents** (érable), **pendants** (saule-pleureur).

167. *Qu'est-ce que les vrilles ?*

Des productions filamenteuses, en forme de tire-bouchon, au moyen desquelles les plantes grimpantes et sarmenteuses s'accrochent aux corps voisins (vigne, clématite, convolvulus, etc...).

168. *Quelle différence y a-t-il entre les épines et les aiguillons ?*

L'épine est une pointe droite et aiguë, essentiellement fibreuse, faisant corps avec le rameau ou la feuille qui la soutient et qu'on ne peut détacher sans rupture des fibres (prunier sauvage).

L'aiguillon est une espèce de poil endurci, de

structure cellulaire, qui se détache, sans aucun lien intérieur, de l'épiderme auquel il adhère.

169. *Qu'est-ce que l'épiderme ?*

C'est une membrane transparente qui joue dans les plantes le même rôle protecteur que la peau chez les animaux.

170. *Qu'entend-on par poils ?*

De minces organes filamenteux, assez semblables en apparence aux poils des animaux, mais d'une structure anatomique plus simple.

171. *Quelle est leur forme ?*

Ordinairement **simples** et **capillaires** c'est-à-dire effilés et sans divisions.

D'autres fois en **massue** (fraxinelle), **rameux** (bourrache), **bifurqués**, **trifurqués**, **étoilés**, **glandulifères**.

172. *Quels noms prend la surface recouverte de poils ?*

On la nomme :

Pubescente, poilue, velue, soyeuse, cotonneuse, tomenteuse, laineuse, floconneuse, hispide, ciliée.

173. *Quand est-elle dite pubescente ?*

Lorsqu'elle est garnie de poils fins, doux et rapprochés (saxifrage granulée).

174. *Quand est-elle dite poilue ?*

Lorsqu'elle est garnie de poils longs, mous et peu nombreux (renoncule des bois).

175. *Quand est-elle dite soyeuse ?*

Lorsqu'elle est garnie de poils fins, soyeux et couchés (alchemille des Alpes).

176. *Quand est-elle dite cotonneuse ?*

Lorsqu'elle est garnie de poils longs, blancs et doux au toucher (argentine).

177. *Quand-est-elle dite tomenteuse ?*

Lorsqu'elle est garnie de poils courts, serrés et entre-mêlés comme ceux du drap (jeunes coings, certains riparias).

178. *Quand est-elle floconneuse ?*

Lorsqu'elle est garnie de poils formant des **paquets** blancs et comme un réseau (cirse lancéolé).

179. *Quand est-elle hispide ?*

Lorsqu'elle est garnie de poils longs et raides (bour-rache).

180. *Quand est-elle ciliée ?*

Lorqu'elle est garnie de poils disposés par lignes régulières (véronique).

181. *Comment appelle-t-on une surface nue et sans poils ?*

Glabre (poirier, laurelle).

182. *Quelle est la destination des poils ?*

Ils servent, probablement, à multiplier les points d'absorption dans les plantes qui en sont pourvues.

183. *Que sont les stipules ?*

De petits organes qui accompagnent, de chaque côté, le pétiole de la feuille.

184. *Comment peuvent-ils être ?*

Foliacés (pensée), **membraneux** (trèfles), **spinescents** (épine-vinette).

185. *Qu'entend-on par bractées ?*

Des feuilles dissemblables des autres non seulement par la grandeur, mais encore par la figure et très souvent par la couleur. Elles terminent ordinairement la tige et protègent les fleurs qui partent de leur aisselle (mélampyre des champs, pédiculaires).

186. *Qu'appelle-t-on drageon ?*

Le produit des bourgeons adventifs qui naissent sur les racines et les tiges souterraines de certaines plantes.

187. *En quoi consiste l'opération du recepage ?*

A couper la tige d'un arbre à quelques centimètres au-dessus du sol.

188. *Quand la pratique-t-on ?*

Lorsqu'on veut refaire promptement la charpente des arbres mal formés, gelés ou décrépits, ou, dans les pépinières, lorsqu'on veut obtenir un sujet plus vigoureux.

189. *Qu'appelle-t-on loupes ou broussins ?*

Le faisceau confus de ramilles qui se forment sur les excroissances anormales du tronc de certains arbres.

190. *Par qui sont recherchées les loupes ?*

Par les ébénistes, à cause de leurs nombreuses veinures.

191. *Quelles sont les plus estimées ?*

Celles de l'orme, du noyer, de l'aulne, du bouleau, de l'érable, du peuplier et du tilleul.

192. *Peuvent-elles entraîner la mort de l'arbre ?*

Oui, quand elles s'étendent sur tout le pourtour du tronc, car elles arrêtent alors la sève descendante.

193. *Qu'est-ce que les fleurs ?*

Des organes formés de feuilles modifiées, disposées ordinairement en quatre **verticilles** tellement rapprochés, qu'ils semblent emboîtés les uns dans les autres.

194. *Quels sont les quatre verticilles ?*

1º Le calice ; 2º la **corolle** ; 3º l'**androcée** ; 4º le **gynécée**.

195. *Qu'est-ce que le calice ?*

C'est l'enveloppe la plus extérieure d'une fleur complète.

196. *De quoi est-il formé ?*

De plusieurs pièces nommées **sépales**, tantôt sans adhérence, tantôt plus ou moins soudées.

197. *Quand le calice est-il dit polysépale ?*

Lorsque les sépales libres, dès leur base et dans toute leur étendue, peuvent être enlevés séparément sans déchirer les autres (chou-colza).

198. *Quand le calice est-il dit monosépale ?*

Lorsqu'il est composé de pièces soudées entre elles dans une partie ou dans la totalité de leur longueur (œillet).

199. *Combien de parties distingue-t-on dans le calice monosépale ?*

Trois : 1° le **tube**, portion inférieure dont les pièces sont adhérentes et soudées ;

2° Le **limbe**, partie supérieure dont les pièces sont indépendantes et toujours plus ou moins ouvertes ;

3° La **gorge**, ligne où le tube finit et le limbe commence.

200. *Le calice monosépale est-il divisé ?*

Oui, plus ou moins profondément. Il est **entier**, s'il ne l'est pas du tout ; **lobé** si les divisions, très peu profondes, n'atteignent pas le milieu du calice.

201. *Qu'appelle-t-on fissures ?*

Les divisions qui atteignent le milieu du calice ou à peu près.

202. *Qu'appelle-t-on partitions ?*

Les divisions qui vont presque jusqu'au fond du calice.

203. *Quand le calice monosépale est-il régulier ?*

Lorsque toutes les divisions sont de même forme et de même grandeur (œillet).

204. *Quand le calice monosépale est-il irrégulier ?*

Lorsque les parties correspondantes n'ont ni une même figure, ni une même grandeur (capucine).

205. *Que peut être le calice relativement à sa durée ?*

Fugace (pavot); **caduc** (renoncule); **persistant** (primevère).

206. *Quand le calice est-il appelé marcescent ?*

Lorsque, persistant, il se dessèche sur le fruit (trèfle).

207. *Avec quoi ne doit pas être confondu le calice ?*

Avec les **écailles**, l'**involucre** et la **spathe**.

208. *Qu'entend-on par écailles ?*

De petites feuilles appliquées à la base du **calice et** lui servant de support (œillet).

209. *Qu'entend-on par involucre ?*

Un grand calice qui renferme plusieurs fleurs (chardon, scabieuse).

210. *Qu'appelle-t-on spathe ?*

Une sorte d'involucre ou de calice très imparfait (narcisse, iris, arum, calla).

211. *Qu'est-ce que la corolle ?*

La partie qui enveloppe immédiatement les organes essentiels pour la fécondation et qui a pour rôle officiel de les protéger.

212. *De quoi est-elle formée ?*

De plusieurs pièces nommées **pétales**.

213. *Quand le calice est-il dit polypétale ?*

Lorsqu'il est composé de parties entièrement libres (rose).

214. *Quand le calice est-il dit monopétale?*

Lorsqu'il est composé de parties plus ou moins soudées ensemble (campanule).

215. *Combien de parties distingue-t-on dans le calice monopétale?*

Trois : 1° l'**onglet**, partie inférieure et rétrécie du pétale.

2° La **lame** ou **limbe**, partie supérieure, élargie et de forme variée.

3° La **gorge**, ligne où l'onglet finit et où le limbe commence.

216. *La corolle est-elle aussi régulière et irrégulière?*

Oui. Parmi les formes irrégulières, nous avons : **labiée, personée, papillonacée.**

217. *Quelle est l'importance du calice et de la corolle?*

Tout à fait secondaire, ces enveloppes sont simplement protectrices.

218. *Quels sont les organes reproducteurs?*

L'**androcée** formé d'étamines et le **gynécée** ou pistil formé d'un ou de plusieurs **carpelles.**

219. *Que sont les étamines?*

L'organe mâle.

220. *De quoi se compose une étamine?*

De deux parties : **filet** et **anthère.**

221. *Qu'est-ce que le filet ?*

La partie inférieure de l'étamine qui sert de support à l'anthère et la fixe tantôt sur la corolle, tantôt sur le calice, tantôt à la base du **réceptacle.**

222. *Qu'entend-on par réceptacle ?*

La partie élargie de la fleur, partie où s'attachent les verticilles.

223. *Qu'est-ce que l'anthère ?*

Une espèce de sac membraneux dont la cavité intérieure est ordinairement formée de deux loges soudées ensemble.

224. *Qu'appelle-t-on pédoncule ?*

Le support de la fleur.

225. *Qu'appelle-t-on fleur sessile ?*

Celle dont le pédoncule fait défaut.

226. *Que renferme l'anthère ?*

Une petite poussière visqueuse appelée **pollen.**

227. *A quoi est destiné le pollen ?*

A être transporté sur le carpelle, pour le rendre fertile.

228. *Qu'est-ce que le carpelle ?*

Le dernier organe de la fleur.

229. *De combien de parties se compose-t-il ?*

De trois : 1º l'ovaire ; 2º le **style** ; 3º le **stigmate.**

230. *Qu'est-ce que l'ovaire ?*

La partie inférieure et renflée du carpelle.

231. *Que renferme-t-il ?*

Les **ovules**, petites graines encore à l'état rudimentaire.

232. *Quelle est la position de l'ovaire ?*

Supère, c'est-à-dire libre au fond du calice (tulipe), **infère**, c'est-à-dire placé sous les autres parties de la fleur et soudé avec le tube du calice (narcisse, poire).

233. *Qu'entend-on par style ?*

La petite colonne qui surmonte l'ovaire.

234. *Quelle est la position du style ?*

Terminal, c'est-à-dire placé au sommet de l'ovaire (lis), **latéral** (daphné), **basiliaire**, c'est-à-dire en dehors de la base de l'ovaire (alchemille vulgaire).

235. *Qu'entend-on par stigmate ?*

La partie dilatée qui surmonte le style et dont la surface est généralement inégale et plus ou moins visqueuse.

236. *Quel est son rôle ?*

Recevoir le pollen et le transmettre par le canal creusé dans le style jusqu'à l'intérieur de l'ovaire.

237. *Qu'appelle-t-on périanthe ?*

Les enveloppes florales, calice et corolle.

238. *Quand les fleurs sont-elles incomplètes ?*

Lorsqu'elles ne possèdent pas à la fois les quatre verticilles.

239. *La fleur est-elle toujours pourvue de périanthe?*

Non. Elle est quelquefois nue (frêne), quelquefois protégée par des bractées (carex).

240. *Qu'est-ce que les fleurs hermaphrodites?*

Celles qui possèdent à la fois les étamines et les carpelles.

241. *Qu'est-ce que les fleurs unisexuées?*

Celles qui ne possèdent que des étamines sans carpelles et réciproquement.

242. *Qu'est-ce que les fleurs stériles?*

Celles qui ne possèdent ni étamines ni carpelles (fleurs extérieures du bluet).

243. *Qu'entend-on par plantes monoïques?*

Celles qui réunissent sur un même pied des fleurs unisexuées, mâles et femelles (noyer, noisetier, mûrier, melons, courges).

244. *Qu'entend-on par plantes dioïques?*

Celles qui ont sur le même pied soit des fleurs mâles, soit des fleurs femelles, à l'exclusion de toute autre (chanvre, houblon, mercuriale).

245. *Qu'entend-on par plantes polygames?*

Celles qui portent sur un même pied des fleurs mâles, des fleurs femelles et des fleurs hermaphrodites (pariétaire, érables).

246. *Qu'entend-on par inflorescence?*

La disposition que les fleurs affectent sur la tige ou sur les rameaux.

4

247. *Combien de sortes d'inflorescences ?*

Trois. **Définie** lorsque la fleur termine le rameau (sureau, petite centaurée, etc.)

Indéfinie, lorsque les fleurs sont à l'aisselle des feuilles et que la cime et les rameaux sont terminés par un bourgeon (plantain, sapin, etc.).

Mixte, (laurier blanc).

248. *Qu'appelle-t-on fécondation ?*

L'acte par lequel la substance du pollen ou **cellule mâle** se mélange avec celle de la vésicule embryonnaire ou **cellule femelle.**

249. *Comment s'opère ce phénomène ?*

Le pollen tombe sur le stigmate humide, et s'allonge en un **boyau pollinique** qui pénètre dans le canal situé au centre du style. Arrivé dans l'ovaire, il s'engage dans les ovules par une petite ouverture (mycropyle) et de là s'avance jusqu'aux vésicules embryonnaires.

250. *Qu'appelle-t-on fruit ?*

L'ovaire fécondé et parvenu à sa maturité, c'est-à-dire renfermant des graines capables de germer.

251. *De combien de parties se compose-t-il ?*

De deux : le **péricarpe** et la **graine.**

252. *Qu'est-ce que le péricarpe ?*

C'est la partie du fruit qui est formée par les parois de l'ovaire développé et qui contient une ou plusieurs graines.

253. *De combien de parties est-il composé ?*

De trois : 1º **base**, point par lequel il est fixé au pédoncule ;

2º **sommet**, point occupé par le style ou le stigmate ;

3º **axe**, ligne vraie ou imaginaire qui lie la base au sommet.

254. *N'y distingue-t-on pas d'autres parties ?*

Oui, trois : 1º **épicarpe** ou peau ;

2º **endocarpe** ou noyau dans la pêche et étoile à pépins dans la pomme ;

3º **mésocarpe**, membrane séparant les deux premières parties.

255. *Quel nom porte le mésocarpe dans certains cas ?*

Celui de **sarcocarpe**, quand la membrane est épaisse et charnue (pêche, pomme).

256. *Qu'appelle-t-on hile ?*

Le point de la graine par lequel elle communique avec le péricarpe.

257. *Qu'appelle-t-on graine ?*

L'ovule fécondé et capable de reproduire par la germination une plante semblable à celle qui lui a donné naissance.

258. *De combien de parties se compose-t-elle ?*

De deux : 1º **L'épisperme** ou enveloppe ;

2º **L'amande** qui renferme l'embryon.

259. *Qu'entend-on par embryon ?*

Une sorte de petite plante rudimentaire qui ne se

développe que sous l'influence de l'eau, de l'air et de la chaleur.

260. *Que désigne-t-on sous le nom de germination ?*

L'acte par lequel l'embryon s'accroît, se débarrasse des enveloppes de la graine et se transforme en une jeune plante capable de vivre en tirant sa nourriture du sol à l'aide de sa jeune racine.

261. *Qu'arrive-t-il si une graine est trop enterrée ?*

Elle germe difficilement. On ne doit pas l'enterrer plus de cinq à huit fois son diamètre.

PREMIÈRE PARTIE

—

LE SOL ET SES CONSÉQUENCES

---

262. *Quels sont les trois agents de la production ?*
Le sol, les engrais et les instruments de culture.

263. *Que faut-il posséder pour exploiter ?*
Des capitaux.

264. *Combien d'éléments entrent dans la composition des plantes ?*
Quatorze, toujours les mêmes dans chaque plante, depuis la mousse et la violette jusqu'aux arbres les plus importants, et ne variant que par les proportions et le groupement.

265. *Que sont ces quatorze éléments ?*
Les uns organiques, les autres minéraux.

266. *Qu'entendez-vous par éléments organiques ?*
Des éléments gazeux ou volatils, c'est-à-dire qui soumis à l'action de la chaleur s'échappent sous forme de vapeur ou de gaz.

267. *Quels sont les éléments organiques ?*

Au nombre de quatre : oxygène, hydrogène, azote, carbone.

268. *Qu'est-ce que l'oxygène ?*

Un gaz qui constitue la partie respirable de l'air et y entre, à l'état de mélange, pour $1/5$ environ. Il a la propriété d'activer la combustion des corps susceptibles d'être brûlés.

269. *Qu'est-ce que l'hydrogène ?*

Un gaz qui entre dans la composition de l'eau et du gaz de l'éclairage. Très léger, il sert à gonfler les ballons.

270. *Qu'est-ce que l'azote ?*

Un gaz qui entre dans la composition de l'air atmosphérique, dont il forme les $4/5$ environ, et de l'ammoniaque.

Il est l'agent principal de la croissance et du développement foliacé et herbacé, c'est-à-dire des feuilles, de la tige et des racines.

271. *Quels sont les éléments minéraux ?*

Au nombre de dix : phosphore (acide phosphorique), potasse, chaux, soufre (acide sulfurique), magnésie, silice, soude, chlore, fer, manganèse.

272. *Qu'est-ce que le phosphore ?*

Un corps transparent, incolore ou jaunâtre, flexible et assez mou pour être entamé facilement par l'ongle. Il a une odeur assez forte qui rappelle celle de l'ail, luit dans l'obscurité et, à la température ordinaire, émet des vapeurs dans l'air.

273. *Qu'est-ce que l'acide phosphorique ?*

C'est le résultat de la combinaison du phosphore avec l'oxygène de l'air.

L'espèce de vapeur blanche qui se forme, lorsqu'on enflamme le phosphore d'une allumette, est de l'acide phosphorique.

274. *Qu'est-ce que la silice ?*

Une substance très répandue dans la nature où elle constitue les différentes variétés de quartz, les silex, les grès, etc... et qui, à l'état de **sable** se combine avec la chaux pour former un mortier très résistant.

275. *Qu'est-ce que la soude ?*

Une substance très soluble dans l'eau et très **caustique.** On la tire d'une plante appelée **soude commune,** et des varechs.

276. *Qu'est-ce que le chlore ?*

Un gaz jaune verdâtre dont l'odeur est forte et suffocante et la saveur caustique. Il décolore les matières colorantes d'origine organique, aussi est-il très utilisé dans les arts. Il constitue également un désinfectant efficace, aussi est-il employé pour désinfecter les fosses d'aisance et comme moyen de purifier l'air dans certaines épidémies.

277. *Qu'est-ce que le fer ?*

Le plus important de tous les métaux.

Il est très répandu dans la nature sous forme de minerais.

278. *Qu'est-ce que le manganèse ?*

Un métal d'un blanc brillant, d'une cassure raboteuse, très dur, mais très fragile et très oxydable.

279. *Qu'est-ce que la potasse ?*

Un alcali solide, blanc, très caustique, qui mis en contact avec la peau, la ramollit et la détruit. Exposé au contact de l'air, il en attire l'humidité et l'acide carbonique et tombe en déliquescence.

280. *Qu'est-ce que la chaux ?*

Une substance très répandue dans la nature et qu'on y trouve sous différentes formes : pierre à bâtir, marbres, pierre à plâtre.

Chauffée à grand feu dans des fours spéciaux, elle se présente en gros fragments grisâtres, compacts, durs, qui sont la **chaux vive**. Exposée à l'air, elle attire l'humidité et l'acide carbonique ; elle augmente de volume et finit par se convertir en une poudre blanche.

Arrosée avec de l'eau, elle s'imprègne et les morceaux imbibés s'échauffent, répandent des vapeurs, se fendillent et augmentent de volume. Si la quantité d'eau est considérable, la chaux finit par se convertir en une poudre blanche qui est la **chaux éteinte**. Cette chaux délayée dans l'eau donne une bouillie blanche qu'on appelle **lait de chaux**.

281. *Qu'est-ce que la magnésie ?*

Une matière blanche, pulvérulente, peu soluble dans l'eau, amère, qui n'est guère employée qu'en médecine. Elle est un des éléments essentiels de la végétation ; on la retrouve dans les cendres de tous les végétaux.

282. *Qu'est-ce que le soufre ?*

Un corps solide, d'une couleur jaune citron, insoluble dans l'eau mais très soluble dans le sulfure de carbone. Il est très inflammable et exhale en brûlant une odeur forte et insupportable. On le trouve à la surface de la terre à l'état natif, dans le voisinage des volcans éteints (Sicile, Islande).

283. *Où se nourrissent les plantes ?*

Dans l'air et le sol.

284. *Qu'est-ce que le sol ?*

La couche superficielle de la terre, celle travaillée par les instruments aratoires.

285. *Combien de parties y distingue-t-on ?*

Deux : le sol **végétal** et le sol **arable**.

286. *Qu'est-ce que le sol végétal ?*

La couche dans laquelle se développent les **racines** des plantes.

287. *Qu'est-ce que le sol arable ?*

La couche qui est touchée et remuée par les labours et les autres opérations culturales.

288. *Quelle est la profondeur moyenne du sol arable ?*

De 18 à 25 centimètres.

289. *Qu'est-ce que le sous-sol ?*

La couche placée immédiatement au-dessous du sol végétal.

290. *La nature du sous-sol peut-elle modifier celle du sol ?*

Oui, par le mélange des deux couches on peut souvent améliorer le sol.

291. *Citez un exemple :*

Un terrain à sol **argileux**, difficile à travailler, deviendra d'un travail facile, si ayant un sous-sol **siliceux**, on en fait le mélange.

292. *Quels sont les éléments principaux qu'on distingue dans le sol et le sous-sol ?*

Au nombre de quatre : argile, silice, chaux et humus.

293. *Qu'est-ce que l'argile ?*

Une terre qui, appelée communément **glaise**, résulte de l'union intime de deux matières terreuses : l'alumine et la silice.

294. *Qu'est-ce que l'alumine ?*

Un corps très répandu dans l'écorce du globe terrestre. Il est très réfractaire à l'action de la chaleur.

295. *Quelles sont les propriétés de l'argile ?*

Happe à la langue, c'est-à-dire qu'elle en absorbe l'humidité et y adhère fortement. Absorbe facilement l'eau et saturée devient adhérente et ductile au point de former une pâte grasse susceptible de recevoir toutes sortes de formes.

Se crevasse et se fend lorsque, humide, elle est soumise à l'action des gelées.

Durcit, se contracte, se réduit et se fend lorsqu'elle

est soumise à l'action de la chaleur, absorbe l'humidité de l'air.

296. *Quelle est sa couleur ?*

Variable ; on en voit de rouges (oxyde de fer), de grises, de brunes, de noires, etc...

297. *Quelle est son odeur ?*

De terre. On la sent surtout après une pluie succédant à la sécheresse.

298. *Quelles sont les propriétés du sable ?*
Ne forme pas de pâte quelle que soit son humidité.
Ne se réduit pas sous l'action de la chaleur.
Ne retient pas l'eau ; celle-ci le traverse sans le pénétrer.
N'absorbe pas l'humidité de l'air.
S'échauffe facilement et retient la chaleur.

299. *Quelles sont les propriétés de la chaux ?*

Produit effervescence lorsqu'on l'arrose avec du vinaigre ou un acide.

Absorbe facilement l'eau lorsqu'elle est en poudre. Forme une pâte molle, très adhérente lorsqu'elle est humide. Se réduit en poudre sous l'action de la sécheresse.

300. *Qu'est-ce que l'humus ?*

Une matière de couleur brune ou noirâtre provenant de la décomposition des matières animales (déjections d'animaux, etc.,) ou végétales (feuilles mortes, racines, etc.) et renfermant la plupart des éléments destinés à la nutrition des plantes. Elle est grasse et onctueuse au toucher.

301. *Quelles sont les propriétés de l'humus ?*

Devient soluble au contact de l'air et de l'eau.

Absorbe avec avidité l'humidité de l'air.

S'échauffe vite, mais se refroidit rapidement.

302. *Quelle est son action sur les propriétés physiques du sol?*

Divise les terrains argileux en les rendant plus perméables à l'air.

Donne plus de consistance aux terrains légers (siliceux ou calcaires) en y attirant l'humidité de l'air.

303. *N'y a-t-il pas de cas où l'humus est impropre à la végétation ?*

Oui, lorsqu'il est acide, c'est-à-dire lorsqu'il résulte des débris de plantes renfermant une grande quantité de tannin ou dont la décomposition s'est opérée sous l'eau.

304. *Met-il longtemps à se former ?*

Oui, la formation est lente mais elle peut devenir rapide sous l'action d'une température chaude, d'un excès d'humidité ou par suite de la nature du terrain.

305. *Qu'appelle-t-on sols humifères?*

Ceux qui contiennent beaucoup d'humus.

306. *Ont-ils une grande valeur ?*

Oui, ce sont généralement les plus fertiles.

307. *Cette fertilité se maintient-elle longtemps ?*

Non, sous l'action de l'air humide et chaud la partie la plus active de l'humus se détruit et sa décomposition finit par être complète.

308. *Un excès d'humus dans le sol n'est-il pas préjudiciable ?*

Oui, les végétaux **versent**, c'est-à-dire ne peuvent plus s'y tenir droits sur leurs tiges, et les racines sont soulevées et déchaussées lorsque des changements importants s'opèrent dans la température.

309. *Qu'est-ce que la terre de bruyère ?*

Une terre composée d'humus mélangé à beaucoup de sable très fin et à un peu d'oxyde de fer ou rouille.

310. *Qu'est-ce que la tourbe ?*

Une sorte d'humus élastique, spongieux, de couleur noirâtre, provenant des débris de plantes marécageuses dont la décomposition s'est opérée sous l'eau et qui, sec, devient inflammable.

311. *Qu'appelle-t-on terrains tourbeux ?*

Ceux qui sont entièrement ou en grande partie formés de tourbe.

312. *Quels en sont les caractères ?*

Se soulèvent sous l'action des gelées.

Se dessèchent sous l'action de la chaleur.

Se transforment en marais sous l'action des pluies.

313. *Sont-ils fertiles ?*

Non ; humides à l'excès et acides ils ne produisent que des fourrages très grossiers.

314. *Peut-on les améliorer ?*

Oui ; on en détruit l'acidité au moyen de la chaux ou des **phosphates** et on les dessèche.

315. *Quelles plantes peut-on alors y cultiver ?*

Le colza, le seigle, le chanvre, les choux.

316. *Quelles sont les plantes qui croissent naturellement dans les terrains tourbeux ?*

Les sphaignes, les prêles, les pesses, les laiches, les scirpes, les cornifles, les conferves, etc...

317. *Qu'appelle-t-on terrains marécageux ?*

Ceux qui restent couverts d'eaux stagnantes pendant très longtemps.

318. *Combien d'autres types de terrains ?*

Quatre : **Francs, argileux, calcaires** et **siliceux.**

319. *Qu'appelle-t-on terrains francs ?*

Ceux dans lesquels les trois éléments argile, calcaire et silice se font presque équilibre et dont la proportion d'humus est très forte.

Ils constituent le meilleur type des terrains cultivables.

320. *Quels sont leurs caractères ?*

Ils sont faciles à cultiver et donnent d'abondantes récoltes; ordinairement doux au toucher et de couleur jaune.

321. *Quelle doit être leur épaisseur ?*

Vingt centimètres environ.

322. *Quelles sont les plantes qui y poussent sans culture ?*

Chicorée sauvage et sureau yeble.

323. *Quelles sont celles dont la culture y est avantageuse ?*

Luzerne, trèfle, blé, choux, carotte et betterave.

324. *Qu'appelle-t-on terrains argileux ?*

Ceux qui contiennent une forte proportion d'argile et où la silice et le calcaire font presque défaut.

325. *Quels sont leurs caractères ?*

Ils sont très tenaces et ont la faculté d'absorber une grande quantité d'eau qu'ils retiennent longtemps.

326. *Sous quels divers noms désigne-t-on les terrains argileux ?*

Terrains forts, froids et humides.

327. *Pourquoi les désigne-t-on ainsi ?*

Forts, parce qu'ils présentent une très grande résistance à l'action des instruments de culture.

Froids, parce qu'ils s'échauffent avec plus de lenteur qu'ils ne se refroidissent.

Humides, parce qu'ils retiennent longtemps l'eau qu'ils ont absorbée avec avidité.

328. *Quels sont les avantages des terrains argileux ?*

Au nombre de quatre :

1º Adhèrent avec l'eau ;

2º Favorisent la croissance des végétaux ;

3º Offrent une base solide aux racines et empêchent la pénétration de l'air, jusqu'à une certaine mesure ;

4º Retiennent fortement et s'incorporent les matières destinées à nourrir les plantes.

329. *Que résulte-t-il de leur adhérence avec l'eau?*

La conservation, même pendant une longue sécheresse, de la fraîcheur indispensable à la végétation.

330. *Que résulte-t-il de la non pénétration de l'air ?*

Une température à peu près uniforme malgré les variations atmosphériques.

331. *Quels sont les inconvénients des terrains argileux ?*

1° Humidité persistante après les longues pluies ;

2° Crevassement du sol par la sécheresse et les gelées ;

3° Echauffement lent du sol et perte rapide de la chaleur.

332. *Que résulte-t-il de l'humidité persistante ?*

Souffrance des plantes semées et suppression forcée de tous les travaux.

333. *Que résulte-t-il du crevassement du sol ?*

Action nuisible de l'air sur les racines et production de grosses mottes au labour.

334. *Que résulte-t-il de l'échauffement lent, etc. ?*

Un retard assez long dans les récoltes.

335. *Ces défauts peuvent-ils être corrigés ?*

Oui : 1° Par l'assainissement du sol ;

2° Par l'écobuage ;

3° Par le marnage ou le chaulage ;

4° Par des labours profonds en automne ;

5° Par d'abondantes fumures avec des matières pailleuses.

336. *Quelles sont les plantes qui y poussent à l'état spontané ?*

Chicorée sauvage, aristoloche, lotier corniculé, agrostide traçante, prêle ou queue de cheval, etc...

337. *Quelles sont celles dont la culture y donne de bons résultats ?*

Féveroles, choux et toutes les plantes qui, semées au printemps, sont récoltées à la fin de l'été.

338. *Qu'appelle-t-on terrains calcaires ?*

Ceux où domine la chaux sous la forme d'un sable gris blanc ou à l'état de calcaire pulvérulent.

339. *Peut-on savoir rapidement si un terrain renferme du calcaire ?*

Oui. Un peu de terre mélangée avec un acide quelconque, — du vinaigre fort par exemple — foisonne.

340. *Quels sont leurs caractères ?*

Ils sont peu tenaces et se brisent facilement en petits morceaux.

341. *Sous quels divers noms désignent-on ces terrains ?*

Crayeux, tuffeux ou **gypseux.**

342. *Pourquoi les désigne-t-on ainsi ?*

Crayeux parce que la craie y domine.

Tuffeux parce que le tuf y domine.

Gypseux parce que la pierre à plâtre y domine.

343. *Que désigne-t-on sous le nom de tuf ?*

Des pierres poreuses résultant de matières pulvérulentes remaniées et tassées par l'eau.

344. *Ces terrains présentent-ils quelques avantages?*

Non. Ils sont généralement secs et arides.

345. *Quels sont les inconvénients des terrains calcaires ?*

1° Formation d'une croûte à la surface après une pluie abondante ;

2° Soulèvement et affaissement du sol par les gelées et dégels ;

3° Perméabilité trop grande ;

4° Pénétration très lente de la chaleur.;

5° Décomposition rapide des engrais.

346. *Que résulte-t-il de la formation de cette croûte ?*

Souffrance des plantes au moment de leur levée et pénétration difficile de l'eau et de l'air nécessaires aux racines.

347. *Que résulte-t-il du soulèvement et de l'affaissement du sol ?*

Déchaussement des plantes et par suite végétation mauvaise, quelquefois même mort des plantes.

348. *Que résulte-t-il de la perméabilité trop grande et de la pénétration lente de la chaleur ?*

Grande sécheresse en été et par suite brûlure des plantes, froideur en hiver et par suite mauvaise germination.

349. *Que résulte-t-il de la décomposition rapide des engrais ?*

Nourriture trop abondante à la première période de

croissance des plantes et insuffisance durant la dernière phase du développement.

350. *Ces défauts peuvent-ils être corrigés ?*

Oui : 1° Par des labours fréquents ;

     2° Par l'addition d'argile ou de sable ;

     3° Par les arrosages ;

     4° Par l'apport d'engrais.

351. *Quelles sont les plantes qui y poussent à l'état spontané ?*

Coquelicot, genevrier, arête de bœuf, chardons, gaude, brunelle, mélampyre ou blé de vache, etc...

352. *Quelles sont celles dont la culture y donne de bons résultats ?*

Orge, sainfoin, lupuline ou minette.

353. *Qu'appelle-t-on terrains siliceux ?*

Ceux où domine le sable ou la silice.

354. *Quels sont leurs caractères ?*

Ils ne sont ni consistants ni tenaces.

355. *Sous quel nom les désigne-t-on vulgaire-ment ?*

Terrains légers par opposition aux terrains forts.

356. *Quels sont les avantages de ces terrains ?*

1° S'échauffent beaucoup et rapidement ;

2° Ne forment ni pâte ni mottes ;

3° Se laissent facilement pénétrer par les racines ;

4° Se travaillent facilement.

357. *Que résulte-t-il de cet échauffement rapide ?*

Levée et maturité plus rapide des récoltes.

358. *Que résulte-t-il de la non formation de pâte et mottes ?*

Souplesse continuelle du sol.

359. *Que résulte-t-il de la pénétration facile par les racines ?*

Croissance prompte des plantes.

360. *Que résulte-t-il du travail facile ?*

Economie considérable dans la main-d'œuvre.

361. *Quels sont les défauts de ces terrains ?*

1º Evaporation trop facile de l'eau ;

2º Entraînement rapide, par les eaux, des matières fertilisantes ;

3º Fréquence des cultures pour la destruction des mauvaises herbes ;

4º Variations brusques de température.

362. *Que résulte-t-il de l'évaporation trop rapide de l'eau ?*

Souffrance de la sécheresse pour les plantes.

363. *Que résulte-t-il de l'entraînement rapide des matières fertilisantes ?*

Application de fumures répétées.

364. *Que résulte-t-il de la fréquence des cultures ?*

Augmentation du défaut de consistance.

365. *Que résulte-t-il des variations brusques de température ?*

Souffrance très grande pour les récoltes.

366. *Ces défauts peuvent-ils être corrigés ?*

Oui :

1º Par l'application d'une marne argileuse ;

2º Par l'irrigation ;

3º Par le remplacement des cultures fréquentes par des labours profonds exécutés avec modération ;

4º Par l'application du fumier à demi décomposé et le parcage des bêtes à laine ;

5º Par la conversion du sol en pacages ou en prairies permanentes.

367. *Quelles sont les plantes qui y poussent à l'état spontané ?*

Plantain, corne de cerf, genêt, bouleau, châtaignier, pin maritime, roseau des sables, canche, fetuque rouge, spergule, etc...

368. *Quelles sont celles dont la culture y donne de bons résultats ?*

Les plantes qui, comme le seigle, craignent peu la sécheresse en été ou qui, semées au printemps, séjournent peu de temps en terre, comme l'avoine. La pomme de terre et la vigne y vont bien.

369. *Quelles sont les causes d'augmentation ou de diminution dans la valeur d'un sol ?*

Au nombre de cinq :

1º Coloration du sol ;

2° Faculté d'échauffement du sol ;

3° Forme de la surface ;

4° Exposition du sol ;

5° Climat.

370. *Comment influe la coloration ?*

Augmente ou diminue la faculté d'échauffement ; ainsi, un terrain de couleur foncée s'échauffe plus facilement que celui dont la coloration est faible.

371. *Qu'en résulte-t-il ?*

Un peu de retard dans la végétation des récoltes produites dans des sols de coloration faible.

372. *La faculté d'échauffement est-elle la même pour tous les sols ?*

Non, elle varie avec leur propriété conductrice du calorique ; ainsi, le sable est meilleur conducteur que l'argile.

373. *Ne peut-on pas augmenter cette faculté ?*

Oui, par les façons culturales qui rendent le sol plus meuble, plus sec, et par les fumures qui produisent de la chaleur en se décomposant.

374. *Comment peut-être la surface du sol ?*

Plane, c'est-à-dire sans plis, courbures, rides et ondulations.

En **pente**, c'est-à-dire ayant une inclinaison d'un lieu haut vers un lieu bas.

375. *Comment influe la forme de la surface ?*

Ressuiement et échauffement est bien différent suivant que le terrain est plat ou en pente.

Plat, il ne se débarrasse de l'eau de pluie que par absorption ou évaporation et s'échauffe lentement.

En pente, il se débarrasse, en outre, de l'eau de pluie par l'écoulement et s'échauffe plus vite.

376. *Comment influe l'exposition ?*

De diverses façons :

1° EXPOSITION NORD

Longue conservation de l'humidité ;

Ressuiement lent ;

Végétation tardive ;

Action très forte des vents froids et des gelées ;

Absence pour les produits de toute la chaleur et la lumière nécessaires ;

Décomposition lente des engrais.

2° EXPOSITION MIDI

Echauffement à un haut degré ;

Lumière directe et vive ;

Végétation hâtive ;

Produits supérieurs.

3° EXPOSITION LEVANT (Est)

Action funeste des gelées tardives au printemps.

Passage brusque du froid de la nuit à l'action d'un soleil ardent.

4° EXPOSITION COUCHANT (Ouest)

Longue conservation de la rosée.

Action très longue des rayons solaires.

377. *Qu'entend-on par climat ?*

La température propre à une région, le degré et la durée de la chaleur et du froid aux différentes saisons, les vents principaux, les orages, la grêle, la neige, la quantité de pluie tombée et sa distribution entre les saisons, etc...

378. *Comment varie le climat ?*

Avec la latitude du lieu et son élévation au-dessus du niveau de la mer.

379. *Qu'entend-on par latitude d'un lieu ?*

Sa distance de l'équateur mesurée en degrés sur le méridien.

380. *Qu'est-ce que le méridien ?*

Un grand cercle qui, perpendiculaire à l'axe de la sphère céleste, la divise en deux hémisphères.

381. *Qu'est-ce que l'équateur ?*

Un grand cercle qui, passant par les deux pôles et coupant l'équateur à angles droits, divise le globe en deux hémisphères.

382. *Qu'est-ce qu'un acide ?*

Un corps ayant une saveur aigre, analogue à celle du vinaigre et qui fait passer au rouge les couleurs bleues végétales.

383. *Citez quelques acides ?*

Acide carbonique, acide azotique (ou nitrique), acide phosphorique, acide hydrogène carboné, acide tartrique, acide acétique.

384. *De quels éléments se composent ces acides ?*

L'acide carbonique est un composé d'oxygène et de carbone ;

L'acide azotique est un composé d'oxygène et d'azote ;

L'acide phosphorique est un composé d'oxygène et de phosphore ;

L'acide hydrogène carboné est un composé d'hydrogène et de carbone, etc...

385. *Que retrouvez-vous dans ces acides ?*

Les quatre éléments organiques : l'oxygène, l'hydrogène, le carbone et l'azote.

386. *Qu'est-ce qu'une base ?*

Une substance qui se combine avec les acides pour former les sels et qui, généralement, ramène au bleu les corps rougis par les acides.

387. *Citez quelques bases ?*

Potasse, soude, ammoniaque, chaux, etc...

388. *Que comporte la préparation du sol ?*

Trois opérations principales : **Défrichement, épierrement, assainissement.**

389. *En quoi consiste le défrichement ?*

Dans la transformation en terrain productif d'une terre inculte ou ne donnant que de mauvais résultats.

390. *Un défrichement n'a-t-il pas certaines exigences ?*

Oui. Il faut, avant tout, un tact sûr pour apprécier les chances favorables du défrichement, et des capitaux suffisants pour le mener à bonne fin.

391. *Quels sont les principaux cas où le défrichement s'opère dans la pratique ordinaire ?*

Aux terrains couverts de bruyères, aux vieilles friches, aux terrains tourbeux et aux bois ou forêts qu'on veut transformer en terres arables.

392. *Quelle est l'opération qu'on pratique avantageusement après le défrichement ?*

Le chaulage destiné soit à neutraliser l'acidité du sol, soit à rendre plus rapidement l'humus aux plantes.

393. *Quelles sont les plantes qui réussissent le mieux après un défrichement immédiat ?*

Avoine, seigle, sarrazin, colza, navette, pommes de terre, trèfle incarnat ou du Roussillon.

394. *De quelle opération fait-on précéder le défrichement des vieilles friches, des terrains couverts de bruyères ?*

Du brûlis opéré à l'époque la plus chaude de l'année.

395. *Que fait-on après le brûlis ?*

On laisse égoutter le sol et on le traite par une jachère complète.

396. *Qu'entend-on par jachère ?*

L'état d'une terre à laquelle on ne demande aucune récolte dans le cours de l'année et où l'on pratique durant ce temps toutes les opérations d'ameublissement et de nettoyage.

397. *De quelle opération fait-on précéder le défrichement des terrains tourbeux ?*

De l'écobuage destiné à détruire les mauvaises herbes et à purger le sol des insectes nuisibles.

398. *En quoi consiste cet écobuage ?*

Dans l'écroûtement de la surface du sol pour la soumettre à une combustion lente dans des fourneaux construits avec des mottes de gazon séchées.

399. *La pratique de l'écobuage est-elle toujours avantageuse ?*

Non. Il faut absolument que le sol soit consistant et riche en débris végétaux.

400. *En quoi consiste l'épierrement ?*

Dans l'enlèvement des pierres qui couvrent le champ à cultiver.

401. *Comment le pratique-t-on avantageusement ?*

En le faisant effectuer dans la saison morte et par des femmes ou des enfants guidés par un chef d'atelier.

402. *En quoi consiste l'assainissement ?*

Dans l'opération qui a pour but de rendre saines les terres insalubres pour les plantes, insalubrité due à une humidité surabondante et **permanente**.

403. *Quels sont les effets de l'humidité permanente du sol ?*

Neutralise les bons effets du chaulage et du marnage ;
Nuit à la germination des semences ;
Paralyse l'action des engrais ;
Retarde les récoltes et en diminue la quantité, la qualité ;
L'exécution des travaux n'a jamais lieu à propos et dans de bonnes conditions ;

Croissance rapide des mauvaises herbes et destruction difficile.

404. *Quelle est la première règle à observer dans l'assainissement ?*

S'assurer de l'origine de l'humidité.

405. *D'où peut-elle provenir ?*

Des **eaux sous-jacentes** ou des **eaux de la surface.**

406. *De quoi résultent les eaux sous-jacentes ?*

De sources ou d'infiltrations.

407. *D'où proviennent les eaux de la surface ?*

Du débordement de ruisseaux ou de rivières, ou des eaux de pluies abondantes qui, tombées sur un sol très argileux, s'évaporent tout à fait lentement.

408. *Comment arrive-t-on à l'assainissement ?*

Par l'établissement de fossés ou de canaux d'écoulement et de dessèchement et par des travaux de **drainage.**

409. *Par quoi sont complétées ces opérations ?*

Par des labours profonds, rationnellement exécutés, et des marnages.

410. *Qu'entend-on par amendement ?*

Tout ce qui contribue à établir l'équilibre entre les divers mélanges de terre composant un sol ou tend à en corriger les défauts naturels.

411. *Quels sont les principaux amendements ?*

Marnage, chaulage, colmatage, irrigations, transports de terre.

412. *Qu'est-ce que le marnage ?*

L'opération qui est destinée à modifier la constitution du sol par l'apport d'un amendement calcaire appelé marne.

413. *Qu'est-ce que la marne ?*

Un mélange naturel et intime de calcaire et d'argile, mélange se délitant sous l'influence des alternatives de sécheresse et d'humidité.

414. *Combien de marnes offrent de l'intérêt pour les agriculteurs ?*

Trois : **marnes calcaires, siliceuses** et **argileuses.**

415. *Quel est l'effet des marnes calcaires et siliceuses ?*

Diminuent la compacité des terres argileuses et s'opposent au fendillement pendant la chaleur ;

Assurent un assainissement rapide après les pluies en favorisant la séparation de l'eau des matières terreuses ;

Empêchent la formation de la croûte résistante qu'on voit à la surface des terrains argilo-siliceux.

416. *Quel est l'effet des marnes argileuses ?*

Améliorent les propriétés physiques des terrains siliceux et accroissent leur ténacité trop faible.

417. *A quelle époque pratique-t-on le marnage ?*

Tantôt en automne, tantôt au printemps et pendant l'été.

418. *Quelle est la plus avantageuse ?*

L'été, parce qu'alors le terrain est sec et les charrois peuvent s'effectuer sans dégrader le sol.

419. *Dans quel état doit être la marne au moment de son emploi ?*

En poudre ; c'est une des conditions essentielles pour qu'elle produise ses effets.

420. *Comment pratique-t-on le marnage ?*

On place la marne sur le champ, en tas ou **marnons** situés à six ou sept mètres les uns des autres. La pulvérisation obtenue, on étend les tas de marne à la surface du sol, au moyen de pelles, et on herse pour que sa répartition soit égale. On donne ensuite un labour léger pour incorporer la marne dans le sol.

421. *Comment rend-on la pulvérisation complète?*

Au moyen du rouleau. Celui-ci complète avantageusement l'action des gelées.

422. *Quelles sont les doses à employer ?*

Très variables. Pour les déterminer il faut connaître:
1o La dose de carbonate de chaux que renferme le sol ;
2o La richesse de la marne en carbonate de chaux ;
3o L'épaisseur de la couche arable.

423. *Donnez un exemple ?*

Soit un sol ayant vingt centimètres d'épaisseur et par suite un volume de terre de deux mille mètres cubes. Si nous voulons y ajouter un pour cent de calcaire, il nous faudra vingt mètres cubes de cet élément. La marne dosant quatre-vingt pour cent, nous devrons enfouir vingt-cinq mètres cubes.

424. *Que faut-il pour obtenir un effet complet ?*

1º Appliquer la marne en temps opportun et l'incorporer avec soin dans le sol ;

2º Fumer concurremment avec le marnage.

425. *Qu'est-ce que le chaulage ?*

Une opération analogue au marnage, mais dont l'intensité d'effet est plus grande.

426. *Quel est son effet ?*

Diminue la ténacité des sols argileux, rend les **terres** légères plus consistantes, contribue puissamment à la destruction des mauvaises herbes, etc...

427. *Combien d'espèces de chaux sont employées en agriculture ?*

Trois : **chaux grasse, maigre et magnésienne.**

428. *Quelle est la meilleure ?*

La chaux grasse qui provient de calcaires presque purs. Bien calcinée, son volume augmente considérablement par l'extinction.

429. *D'où provient la chaux maigre ?*

De la calcination des pierres calcaires impures, aussi renferme-t-elle du sable et souvent des parties ferrugineuses.

430. *Quel est l'inconvénient de la chaux magnésienne ?*

Très énergique, elle amoindrit les forces productives des terrains où on l'emploie.

431. *Comment pratique-t-on le chaulage ?*

De deux manières : on fait des composts de chaux et de terre (méthode française) ou on la laisse exposée à l'air, sous un hangar, et une fois en poudre on la sème sur le sol (méthode allemande).

432. *Quelles sont les doses à employer ?*

Très variables. Pour les déterminer on opère comme lorsqu'il s'agit du marnage.

433. *Que faut-il pour obtenir un effet complet ?*

1° Appliquer la chaux en temps opportun et l'incorporer avec soin dans le sol ;

2° Fumer abondamment.

434. *Pourquoi faut-il fumer après un marnage ou un chaulage ?*

Parce que ces matières ayant la propriété d'attaquer avec une grande énergie l'humus et les engrais contenus dans le sol, épuisent vite ce dernier.

435. *Dans quel cas pratique-t-on le transport de terre ?*

Lorsqu'on veut augmenter la profondeur de la couche arable, corriger ses défauts, etc...

436. *De quel instrument se sert-on ?*

De la gabre ou ravale.

437. *Qu'est-ce que le colmatage ?*

L'opération qui consiste à amener des eaux chargées de limon sur le sol à atterrir.

438. *Dans quel cas peut-on le pratiquer ?*

Lorsqu'on dispose d'un cours d'eau limoneux.

439. *Comment le pratique-t-on ?*

On commence par isoler le terrain à colmater par un fossé dont la terre sert à établir une chaussée de ceinture ayant de soixante à soixante-dix centimètres de hauteur, puis on divise le champ en enclos au moyen de digues transversales. Les eaux doivent traverser successivement chacune des zones et arriver dans la dernière à l'état de clarté.

440. *Que doit-on observer avant de recourir au colmatage ?*

1° La nature du limon charrié par le cours d'eau ;

2° La quantité de matières terreuses qu'il peut fournir chaque année.

3° Le niveau de l'eau qui doit être tel que l'eau puisse se maintenir à une hauteur suffisante.

441. *Qu'est-ce que l'irrigation ?*

L'opération qui a pour but de répandre sur les terres cultivées une quantité d'eau déterminée à des époques périodiques.

442. *Qu'est-ce que l'eau ?*

Une substance liquide, transparente, incolore, inodore, insipide qui, composée d'oxygène et d'hydrogène, se trouve en très grande abondance à la surface de la terre.

443. *Sous quelles formes nous apparaît-elle ?*
Sous trois formes différentes :
1º A l'état **liquide** ;
2º A l'état **gazeux** ;
3º A l'état **de glace.**

444. *Quand est-elle à l'état liquide ?*
A la température ordinaire.

445. *Quand est-elle à l'état gazeux ?*
Lorsque la température s'élève.

446. *Quand est-elle à l'état de glace ?*
Lorsque la température baisse et que le **thermomètre** tombe au-dessous de zéro.

447. *D'où nous vient l'eau ?*
Des **nuages** et des **sources.**

448. *Qu'entend-on par nuages ?*
Des amas de vapeur d'eau condensée à une hauteur variable dans l'**atmosphère.**

449. *Combien de sortes de nuages ?*
Quatre : **Cirrus** ou queues de chat, précurseurs de la tempête;

Cumulus ou balles de coton, précurseurs du beau temps ;

Stratus, allongés vers l'horizon, qui paraissent au lever et au coucher **du soleil** ;

Nimbus, nuages noirs, qui donnent le mauvais temps (pluie, orage).

450. *Qu'appelle-t-on atmosphère ?*

L'enveloppe que l'air forme autour de la terre.

Elle s'élève jusqu'à une très grande hauteur, soixante kilomètres (quinze lieues) environ au-dessus de nos têtes.

451. *L'atmosphère et le soleil ont-ils une influence sur le sol ?*

Oui, ils ont une action mécanique et une **action** chimique produisant des réactions destinées **à rendre** le sol propre à la végétation.

452. *Comment favorise-t-on ces actions ?*

En remuant souvent le sol.

453. *L'atmosphère n'agit-elle pas aussi sur le sol, sur les plantes et sur les animaux suivant ses variations ?*

Oui. La direction des **vents**, la température, la pesanteur et l'humidité de l'air, les pluies ou les sécheresses, les orages, les tempêtes influent sur l'action de l'atmosphère.

454. *Peut-on connaître l'état de l'atmosphère ?*

Oui, au moyen des trois instruments suivants : **thermomètre, baromètre et hygromètre**.

455. *Qu'est-ce que le thermomètre ?*

Un appareil très simple destiné à constater les variations de température de l'air ou de tout autre corps

456. *Qu'est-ce que le baromètre ?*

Un appareil destiné à mesurer la pression exercée par l'atmosphère terrestre en un lieu quelconque et à tout instant.

457. *Quels sont les faits généraux que doit connaître tout agriculteur ?*

Au nombre de trois :

1° Le baromètre montant d'une manière lente et continue pendant plusieurs jours, indique l'arrivée ou la persistance probable du beau temps ;

2° La pluie ou le vent surviennent après une dépression progressive et assez prolongée de la colonne barométrique ;

3° La tempête est généralement annoncée par une dépression brusque de la colonne barométrique.

458. *Qu'appelle-t-on hygromètre ?*

Un instrument destiné à mesurer l'humidité relative de l'air.

459. *Quelles sont les causes qui font varier la température de l'air ?*

Au nombre de trois :

1° Les saisons ;

2° Les vents qui apportent de l'air chaud ou de l'air froid ;

3° Les nuages qui cachent ou découvrent le soleil.

460. *Qu'entend-on par saisons ?*

Les quatre grandes divisions de l'année : printemps, été, automne et hiver, qui ont chacune trois mois de durée.

461. *Que désigne-t-on sous le nom de vents ?*

Des courants plus ou moins rapides , se produisant dans l'air, suivant des directions et avec des vitesses variables, et ayant toujours pour origine une rupture d'équilibre dans quelque partie de l'atmosphère.

462. *Comment les désigne-t-on ?*

Par le nom du point de l'horizon d'où ils viennent : vents du Nord, du Sud, de l'Est, de l'Ouest, du Nord-Est, du Nord-Ouest, du Sud-Est, du Sud-Ouest.

463. *Combien de sortes de vents ?*

Deux :

1° Les vents par **impulsion** qui, dans les hautes régions de l'atmosphère, soufflent des contrées chaudes vers les contrées froides ;

2° Les vents par **aspiration** qui, dans les parties inférieures de l'atmosphère, soufflent en sens contraire des premiers.

464. *Comment détermine-t-on leur direction ?*

Au moyen des **girouettes**.

465. *Qu'est-ce que la girouette ?*

Une banderole mobile sur un pivot et qu'on place généralement sur le toit des maisons.

466. *Comment détermine-t-on leur vitesse ?*

Au moyen des **anémomètres**.

467. *Qu'est-ce que l'anémomètre ?*

Une espèce de moulin à vent destiné à enregistrer le nombre des tours effectués.

468. *La direction des vents est-elle variable ?*

Oui, très variable. Il y a des vents **réguliers** ou **alizés** qui, durant toute l'année, soufflent dans la même direction, de l'Est à l'Ouest ; des vents périodiques qui, par intervalles réguliers, soufflent tantôt dans une direction, tantôt dans une direction opposée ; les **moussons**, vents qui soufflent six mois dans une direction et six mois dans une autre ; les vents **variables** qui soufflent tantôt dans une direction, tantôt dans une autre.

469. *Citez un vent périodique ?*

La **brise** qui ne souffle sur les côtes que pendant les saisons chaudes, dans les régions tempérées, savoir : la brise de **jour** ou de **mer**, soufflant de la mer vers la terre, et la brise de **nuit** ou de **terre**, soufflant dans le sens opposé.

470. *Les vents reçoivent-ils des qualifications différentes suivant leur vitesse ?*

Oui, nous avons : vent **frais** qui parcourt six mètres, vent **bon frais** qui parcourt huit mètres et vent **impétueux** qui parcourt quinze mètres à la seconde.

471. *En quoi les brouillards diffèrent-ils des nuages ?*

Par leur situation ; les nuages sont élevés tandis que les brouillards sont près de terre.

472. *Comment la pluie résulte-elle des nuages ?*

Les vésicules d'eau des nuages devenant de plus en

plus nombreuses se réunissent et forment ainsi des gouttes que leur poids fait tomber sur la terre.

473. *Comment se forme la neige ?*

Par la congélation des vésicules de l'eau des nuages placés à de très grandes hauteurs.

474. *Comment se forme la grêle ?*

On ne le sait pas d'une manière positive. C'est un phénomène électrique comme toutes les pluies, tous les nuages.

475. *Comment se forme la rosée ?*

Lorsque les nuits sont sereines et sans nuages, la surface de la terre se refroidissant rapidement refroidit les couches d'air qui l'environnent, et entraîne le dépôt de l'excès d'humidité.

476. *Pourquoi n'y a-t-il pas de rosée lorsque le temps est couvert ?*

Parce que les nuages forment écran et empêchent le refroidissement de la terre.

477. *Comment se forment les sources ?*

L'eau des pluies s'infiltre à l'intérieur du sol et s'y écoule jusqu'à ce qu'elle rencontre des couches de terre imperméable (roche, argile). Elle coule à la surface de ces couches jusqu'à ce qu'elle trouve une issue naturelle ou bien elle séjourne à la surface de la couche imperméable jusqu'à ce qu'on lui donne une issue artificielle (puits artésiens).

478. *Quel est l'objet des irrigations ?*

1° Donner aux plantes l'humidité indispensable à leur croissance et à leur développement ;

2° Mettre à leur disposition les principes utiles à la végétation qui peuvent se trouver dans l'eau.

479. *Combien y a-t-il de méthodes pour se procurer l'eau nécessaire aux irrigations ?*

Quatre : Dérivation des cours d'eau, captation des sources, création de réservoirs, élévation de l'eau par les machines.

480. *Quelles sont les quantités d'eau employées pour les irrigations ?*

Elles varient dans de très fortes proportions, suivant les localités. Dans le Midi, la quantité moyenne adoptée pour les concessions d'irrigations est d'un litre par seconde pour un hectare pendant six mois, soit un total de quinze mille cinq cent cinquante mètres cubes. Cette quantité n'est jamais employée, sauf pour les cultures maraîchères.

481. *Y a-t-il plusieurs types d'irrigations ?*

Oui, la méthode d'irrigation peut varier avec la forme du terrain sur lequel on opère.

482. *Citez-les ?*

Au nombre de six : irrigations par submersion, par **rigoles de niveau** et de déversement, par **rigoles inclinées**, par **planches en ados**, par **demi-planches superposées** et par **infiltration**.

483. *De quoi se compose un système d'irrigation?*

De la prise d'eau, du canal de dérivation, des rigoles principales et secondaires, des canaux de réunion et des rigoles d'égouttement.

484. *En quoi consiste l'irrigation par submersion?*

A couvrir le sol d'une couche d'eau plus ou moins épaisse. Ce système qui est extrèmement simple, s'applique aux terrains de surface presque horizontale.

485. *Dans quel cas applique-t-on l'irrigation par rigoles de niveau?*

Lorsque le terrain a une grande pente.

486. *Quel est le principe de cette méthode?*

Supposons un terrain en pente et établissons des rigoles de niveau contournant le terrain en suivant les points situés à une même hauteur. Si l'eau arrive dans la rigole la plus élevée, lorsque celle-ci sera remplie, l'eau se déversera uniformément sur son bord inférieur et dans toute sa longueur pour aller dans la rigole inférieure. Là, elle suivra la même marche et de rigole en rigole arrivera au bas de la pente.

487. *En quoi consiste l'irrigation par rigoles inclinées?*

A répartir sur le terrain des rigoles principales de distribution d'où partent des rigoles secondaires tracées en ligne droite ou en ligne courbe suivant la pente du terrain.

488. *Dans quel cas applique-t-on ce système?*

Lorsque le terrain est ondulé, mais sans pentes successives sur les diverses parties à irriguer.

489. *En quoi consiste l'irrigation par planches en ados ?*

A diviser le terrain, perpendiculairement à sa pente, en larges planches bombées ayant, à la partie supérieure, des rigoles de distribution.

L'eau s'en déverse uniformément sur les deux ailes et va dans des rigoles d'écoulement disposées entre des planches.

490. *Dans quel cas applique-t-on ce système ?*

Lorsque la pente est faible ou le terrain marécageux.

491. *Qu'est-ce que l'irrigation par planches super posées ?*

Une modification, peu usitée, du système par ados.

492. *Dans quel cas l'applique-t-on ?*

Lorsque la pente du terrain est assez sensible.

493. *En quoi consiste l'irrigation par infiltration ?*

En ce que l'eau ne couvre pas le sol, comme dans les méthodes précédentes. Elle est maintenue courante ou stagnante, dans de petites rigoles creusées parallèlement les unes aux autres de manière qu'elle arrive aux racines des plantes, non pas directement, mais en s'infiltrant à travers le sol.

494. *Dans quel cas applique-t-on ce système ?*

Lorsque le pied des plantes ne doit pas être baigné par l'eau (culture maraîchère, par exemple).

495. *Qu'est-ce que le drainage ?*

L'opération qui a pour but de faire **écouler les eaux** qui, s'accumulant dans les terres labourables ou les prairies naturelles, nuisent au sol et aux plantes qu'on y cultive.

496. *Comment obtient-on cet écoulement ?*

Au moyen de rigoles souterraines qu'on **garnit** intérieurement de pierres, de fascines, de tuiles, de briques ou, plus généralement, de tuyaux en **terre cuite.**

497. *Que doit-on étudier avant d'entreprendre un drainage ?*

L'origine des eaux nuisibles, la nature du **sous-sol** et le nivellement de la terre à drainer.

498. *Comment se rend-on compte de la nature du sous-sol ?*

En opérant des sondages çà et là avec une grande tarière.

499. *Qu'est-ce que la tarière ?*

Un grand outil de fer en forme de T au moyen duquel on peut facilement percer le sol.

500. *Comment doit-on établir les drains ?*
Suivant des lignes droites.

501. *De quoi se compose l'ensemble du drainage ?*
De drains et de maîtres drains ou **collecteurs.**

502. *Quelle est la fonction des collecteurs ?*

Ils servent à recueillir les eaux des drains pour les conduire dans un fossé.

503. *Quelle doit-être la profondeur des collecteurs par rapport à celle des drains ?*

Plus grande de plusieurs centimètres.

504. *En quoi consiste le drainage régulier ?*

A disposer des drains par séries de lignes parallèles également espacées et à placer les collecteurs dans les parties basses du terrain.

505. *En quoi consiste le drainage irrégulier ?*

A établir les collecteurs d'après les lignes de dépression du sol.

506. *Comment les drains doivent déboucher dans les collecteurs ?*

Suivant un angle aigu afin de ne pas diminuer la vitesse des courants.

507. *Quel écartement donne-t-on aux drains ?*

Très variable suivant la nature du terrain. De 10 mètres dans les terres argilo-siliceuses à sous-sol imperméable, elle descend à 7 mètres dans les argiles tenaces très imperméables.

508. *A quelle profondeur les place-t-on ?*

Variable suivant la disposition des couches du sol et son degré d'humidité, elle est généralement de un mètre à un mètre vingt.

509. *Quelle pente leur donne-t-on ?*

De un à trois millimètres par mètre.

510. *Quelle est la longueur des tuyaux ?*

De trente à quarante centimètres.

511. *Quel est leur diamètre ?*

Il varie depuis deux jusqu'à huit centimètres. Ceux du diamètre le plus grand sont employés comme collecteurs.

512. *Comment creuse-t-on les tranchées ?*

En diminuant leur largeur à mesure que l'on creuse, de manière que dans le fond elle soit à peine supérieure au diamètre du tuyau.

513. *Comment place-t-on les tuyaux dans les tranchées ?*

Bout à bout, de manière que les ouvertures se trouvent dans un contact aussi parfait que possible.

514. *Que place-t-on à leur point de réunion ?*

Des manchons en terre cuite, de manière à maintenir les tuyaux dans le même plan. On en fait surtout usage lorsque le fond des tranchées n'est pas consistant.

515. *Que doit-on placer aux bouches des collecteurs et des drains ?*

Des grillages, afin d'empêcher les souris, campagnols, crapauds, etc... de s'introduire dans les conduits et de les obstruer.

516. *Dans quel cas établit-on des regards ?*

Lorsque le drainage a été exécuté sur une grande surface, afin de s'assurer du fonctionnement des drains.

517. *Quels sont les avantages principaux du drainage ?*

1° L'évaporation de l'eau est diminuée et par suite le refroidissement du sol.

2° La fraîcheur du sol est maintenue dans les grandes sécheresses.

3° Le sol est mieux aéré et les récoltes obtenues sont de qualité et en quantité supérieures.

DEUXIÈME PARTIE

—

LES ENGRAIS

---

518. *Que désigne-t-on sous le nom d'engrais ?*

Toute substance propre à fertiliser le sol en lui restituant tout ce qui a servi à l'accroissement et au développement des végétaux récoltés.

519. *Que sont les engrais ?*

La base de l'agriculture.

520. *Quelle était, au temps jadis, la seule matière considérée comme engrais ?*

Le fumier.

521. *Quelles étaient les matières reconnues comme ayant un simple effet d'excitation ?*

Le plâtre, les cendres, le salpêtre.

522. *Combien de divisions établit-on, aujourd'hui, dans les engrais ?*

Deux : engrais organiques, engrais minéraux.

523. *Est-il nécessaire de restituer au sol tous les éléments renfermés dans la plante ?*

Non, il suffit de restituer à la terre quatre de ces substances.

524. *Quelles sont ces quatre substances ?*

Azote, potasse, phosphore, chaux.

525. *Qu'entendez-vous par engrais complet ?*

Celui qui renferme ces quatre substances.

526. *Qu'entendez-vous par engrais incomplet ?*

Celui qui manque d'une ou de plusieurs de ces matières.

527. *Combien de variétés d'engrais organiques ?*

Trois, suivant leur origine, savoir : animaux, végétaux et mixtes.

528. *Quel est le plus important des engrais organiques ?*

Le **fumier de ferme**, engrais mixte.

529. *Qu'entendez-vous par fumier de ferme ?*

Le résultat de la réaction des déjections solides et liquides des animaux domestiques sur les litières.

530. *Comment varie sa composition ?*

Avec animaux, avec litières et avec nourriture.

531. *Le fumier bien préparé ne constitue-t-il pas autre chose qu'un excellent engrais ?*

Oui, c'est aussi un amendement précieux.

532. *Combien de systèmes en usage pour sa confection ?*

Deux : les **fosses** et les **plate-formes**.

533. *Qu'entendez-vous par fosses ?*

Des cavités creusées dans le sol et présentant des dispositions très variables.

534. *Comment doit être une fosse à fumier ?*

Elle doit avoir des parois imperméables et résistantes, posséder une ouverture à la partie inférieure pour l'écoulement du purin et être entourée, sur une partie de son pourtour, d'une digue ou mur.

535. *Qu'entendez-vous par plate-forme ?*

Une surface de niveau avec le sol environnant, mais qui, ayant une pente générale dans un sens, peut être plane, concave ou convexe.

536. *Comment doit être une plate-forme à fumier ?*

Elle doit être sur un sol imperméable, pavé ou bétonné, être entourée d'une rigole dont la pente est dirigée vers la fosse à purin.

537. *Quels sont les avantages des plate-formes sur les fosses ?*

Plus économiques, stratification plus régulière, facilité des arrosages, simplification des chargements, etc...

538. *Le fumier doit-il être couvert ?*

Oui, l'action des pluies et du soleil ne peut ainsi nuire à la qualité du fumier.

539. *Par quel procédé peut-on se dispenser de la construction d'une toiture ?*

En couvrant chaque couche de fumier par une épaisseur de dix centimètres de terre battue.

540. *Quel est l'avantage de ce dernier procédé ?*

C'est de tasser fortement le fumier, de régulariser par suite la fermentation et d'empêcher la formation des moisissures.

541. *Quels sont les procédés préconisés pour empêcher la déperdition des gaz fertilisants du fumier ?*

On a proposé successivement le mélange au fumier du plâtre, du sulfate de fer (vitriol vert), de la kaïnit, d'aucuns même ont parlé de la chaux.

Il y a longtemps que d'autres chimistes (Deherain et Müntz) ont montré que le plâtre n'agit pas comme on l'espérait et l'un d'eux (Joulie) l'a même déclaré nuisible.

Le sulfate de fer et la kaïnit n'ont pas donné de meilleurs résultats et la chaux active la décomposition du fumier et la déperdition du gaz.

542. *A quoi doit-on avoir recours ?*

Au tassement et aux arrosages fréquents avec le purin recueilli dans la fosse, arrosages qui tempèrent la fermentation et la chaleur de l'intérieur de la masse.

543. *La disposition des étables n'influe-t-elle pas sur la production du fumier ?*

Oui, et cela d'une façon très sensible.

544. Comment doit-on en établir le sol?

Il doit être pavé, bitumé ou recouvert d'une couche d'argile bien battue, et avoir une pente dirigée dans le sens de la rigole d'écoulement du purin.

545. Comment doit être une fosse à purin?

A côtés et fond imperméables c'est-à-dire maçonnés, bien enduits de ciment ou terre glaise.

546. Où doit être cette fosse ?

A proximité des étables et des tas du fumier.

547. Quels sont les principes fertilisants renfermés dans le fumier ?

	A l'état normal.		Supposé sec.
Matières organiques	20,522	Azote	80,202
Ammoniaque	0,073	0,50	0,285
Acide phosphorique.........	0,718		2,806
Chlore...................	0,084		0,328
Potasse et soude...........	0,193		0,756
Chaux	0,409		1,598
Magnésie.................	0,501		1,958
Silice soluble..............	0,295		1,153
Oxyde de fer, alumine, oxyde de manganèse...........	0,211		0,825
Sable et argile.............	0,214		8,682
Eau et acide carbonique.....	74,412		0,657
	100,000		100,000

548. Quels sont les principes les plus importants ?

L'azote et les phosphates.

549. *Par quoi est fournie la plus grande quantité d'azote ?*

Par les urines. De là résulte qu'il faut par tous les moyens en empêcher la déperdition.

550. *Par quoi est fournie la majeure partie des phosphates ?*

Par les excréments solides.

551. *Que contiendrait le fumier si nous laissions perdre les urines ?*

Des phosphates mais presque pas d'azote.

552. *De ces deux principes fertilisants quel est celui qui a la plus grande valeur ?*

L'azote, dont le prix commercial est deux francs à deux francs cinquante le kilo.

553. *Combien de catégories établit-on dans les fumiers ?*

Deux : fumiers **chauds** et **froids**.

554. *A quelle catégorie appartient le fumier de cheval ?*

Aux fumiers chauds.

555. *Est-il actif ?*

Oui, il agit très rapidement.

556. *A quels terrains convient-il spécialement ?*

Aux terrains froids et compactes.

557. *Quels soins exige-t-il pour être bien conservé?*

Doit être arrosé et fortement tassé.

558. *Son action sur les plantes se fait-elle sentir longtemps ?*

Non.

559. *A quelle catégorie appartient le fumier des bêtes à cornes ?*

Aux fumiers froids.

560. *Est-il actif ?*

Moins que celui de cheval.

561. *A quels terrains convient-il ?*

Aux terrains sablonneux et calcaires.

562. *Son action se fait-elle sentir longtemps ?*
Oui.

563. *A quelle catégorie appartient le fumier des bêtes à laine ?*

Aux fumiers chauds.

564. *Est-il actif ?*
Oui.

565. *A quels terrains convient-il ?*

A tous, mais surtout aux terrains argileux.

566. *Que remarque-t-on dans ce fumier examiné à la bergerie ?*

Deux couches distinctes : une supérieure, pailleuse, sèche et peu homogène ; une inférieure, compacte et humide.

567. *Son action se fait-elle sentir longtemps ?*

Elle est plus longue que celle du fumier de cheval.

568. *A quelle catégorie appartient le fumier de porc ?*

Aux fumiers froids.

569. *Est-il actif ?*
Non.

570. *A quels terrains convient-il ?*
Travaillé, aux terrains sablonneux et calcaires.

571. *Son action se fait-elle sentir longtemps ?*
Oui.

572. *Quel est l'inconvénient de ce fumier ?*
D'être acide.

573. *Comment fait-on disparaître cette acidité ?*
En y ajoutant une base (chaux, phosphates).

574. *Doit-on mélanger ces fumiers ?*
Oui, si c'est possible. On a alors un fumier uniforme et convenant à tous les sols.

575. *Ne serait-il pas plus avantageux de les employer séparément ?*
Non, sauf de très rares exceptions.

576. *Quelles sont les conditions à remplir pour favoriser la production du fumier ?*
Au nombre de quatre, savoir :
1° Faire beaucoup de fourrages ;
2° Avoir un nombre de bestiaux proportionné à la surface qu'on cultive ;

3° Donner à ces bestiaux une nourriture abondante ;

4° Leur fournir assez de litière pour ne rien perdre de leurs déjections.

577. *A quoi doit être proportionnée la litière ?*

A l'abondance et la qualité des fourrages.

578. *Dans quel état doit être la litière pour mieux absorber et se mêler.*

Elle doit être broyée, triturée, car, dans cet état, elle se mêle mieux aux déjections et absorbe plus facilement les parties liquides.

579. *Quel est le meilleur fumier ?*

Celui qui reste le plus longtemps sous les pieds des bêtes et auquel on ajoute chaque jour une nouvelle quantité de litière qui condense les vapeurs du fumier et empêche l'évaporation.

580. *Doit-on opérer ainsi ?*

Non. Il faut trop de litière, surtout lorsque les bêtes reçoivent une alimentation aqueuse, et l'atmosphère vicié peut occasionner des maladies.

581. *Quel laps de temps doit-on laisser le fumier sous les animaux ?*

Huit jours, chevaux ; douze jours, bœufs ou vaches ; un à deux mois dans les bergeries.

582. *Comment doit-on disposer le fumier sur la plate-forme ou la fosse ?*

Divisé et étendu aussi également que possible.

583. *Que doit-on chercher à éviter ?*

La moisissure qui enlève au fumier une partie de ses qualités.

584. *Comment améliore-t-on le fumier en vue de telle ou telle culture ?*

En saupoudrant toutes les couches, au fur et à mesure de la fabrication, avec du plâtre, de l'engrais de potasse (kaïnit), et des phosphates fossiles, en variant les proportions et les doses suivant les récoltes.

585. *Qu'entendez-vous par engrais flamand ?*
Les déjections humaines travaillées.

586. *Comment le prépare-t-on ?*
On transporte les déjections humaines dans des cuves en maçonnerie d'une capacité de deux cent cinquante à quatre cents hectolitres ; ces cuves sont munies de deux ouvertures : l'une qui passe par le milieu de la voûte est destinée à l'introduction ou à l'extraction de la matière, l'autre pratiquée dans le mur qui regarde le Nord est destinée au passage de l'air jugé nécessaire pour leur fermentation.

587. *Quelle est sa composition ?*
Variable avec la nourriture. — Des analyses ont démontré qu'il y avait une différence sensible entre les déjections provenant d'une maison habitée par des gens aisés consommant beaucoup de viande et celles provenant d'ouvriers qui consomment surtout du pain et des légumes.

588. *Quelle est sa valeur ?*

Assez variable.

589. *Quelle est la quantité moyenne produite?*

D'après les expériences faites par Barral, expériences qui ont porté sur trois hommes, une femme et un enfant, la quantité moyenne de déjections solides et liquides est de un kilo deux cent vingt-quatre grammes par jour et par personne, soit quatre cent quarante-six kilos sept cent soixante grammes par an.

590. *Ne l'emploie-t-on pas liquide ?*

Oui, surtout dans le Nord de la France.

591. *A quoi le mélange-t-on quelquefois ?*

A des tourteaux qui s'y décomposent assez rapidement.

592. *Dans quelles cultures son emploi est-il avantageux ?*

Dans la culture des prairies et du lin.

593. *Son emploi ne présente-t-il pas quelques inconvénients ?*

Oui. Dans la culture du tabac il favorise la formation de certains corps appelés albuminoïdes et donne des feuilles d'une odeur désagréable.

594. *Qu'est-ce que la poudrette ?*

Un engrais solide formé par des **matières fécales.**

595. *Emploie-t-on toutes les parties des matières fécales à sa fabrication ?*

Non. On vide la matière dans d'énormes bassins, on laisse déposer et on décante.

596. *Que fait-on de la partie liquide ?*

On l'emploie à la fabrication du sulfate d'ammoniaque.

597. *Comment la désigne-t-on ?*

Sous le nom d'eaux vannes.

598. *Les effets de l'engrais flamand et poudrette se font-ils sentir longtemps ?*

Non. Ces engrais sont les plus actifs de tous, ils produisent tous leurs effets sur la récolte de l'année.

599. *Comment leur enlève-t-on l'odeur nauséabonde ?*

En leur faisant absorber des matières charbonneuses ou du plâtre.

600. *Qu'entend-on par engrais de poisson ?*

Les résidus des pêches.

601. *Quelle est leur composition ?*

Très riche.

602. *Comment les prépare-t-on ?*

Après les avoir fait cuire, on les soumet à l'action d'une presse, et, séchés, on les pulvérise.

603. *Le sang constitue-t-il un bon engrais ?*

Oui, sa richesse en azote peut varier de seize à dix-neuf pour cent.

604. *Comment empêche-t-on le sang de se corrompre ?*

On l'additionne des résidus des fabriques de chlore.

605. *Comment prépare-t-on cet engrais ?*

On coagule le sang soit à feu nu, soit à l'eau bouillante dans de grandes chaudières et on enlève, au moyen de larges écumoires, la partie coagulée qu'on soumet à une forte pression. On forme ensuite **des** pains qu'on dessèche à l'étuve.

606. *Qu'appelle-t-on sang sec soluble ?*

Celui qui a été desséché à **basse température.**

607. *Qu'appelle-t-on sang sec insoluble ?*

Celui qui a subi l'action d'une température suffisante pour amener la coagulation de l'albumine.

608. *Utilise-t-on la chair musculaire ?*

Oui, préparée elle peut contenir jusqu'à treize **pour** cent d'azote.

609. *Comment prépare-t-on cet engrais ?*

On découpe les bêtes, on met les morceaux dans des cuves en bois et on y fait passer un jet de vapeur.

La cuisson dure de douze à treize heures.

Au fond de la cuve, on trouve une masse liquide formée de trois parties :

1º Graisse ;

2º Eau chargée de gélatine ;

3º Mélange de sang et matières charnues.

610. *Les débris de laine sont-ils utilisés comme engrais ?*

Oui, ils dosent généralement de seize à dix-huit pour cent d'azote et de très faibles quantités d'acide phosphorique et de potasse.

611. *A quelle culture les destine-t-on spécialement?*

Vigne et particulièrement dans le Midi de la France.

612. *Les cuirs constituent-ils un bon engrais?*

Oui, torréfiés et en poudre, ils dosent de six à huit pour cent d'azote.

613. *Leur action est-elle rapide ?*

Non.

614. *N'utilise-t-on pas d'autres matières animales?*

Oui, en agriculture, rien ne doit se laisser perdre.

615. *Nommez-les ?*

Cornes, sabots, rognures de cornes, bourres de poils de bœuf, etc...

616. *Qu'entend-on par engrais végétaux ?*

Des engrais formés de plantes ou de leurs diverses parties, vivantes ou mortes.

617. *Comment les classe-t-on ?*

En cinq catégories :

1o Débris végétaux résultant des cultures précédentes ;

2o Enfouissement en vert des plantes dont les coupes précédentes ont été enlevées ou qui ont été spécialement cultivées dans le but d'être enfouies ;

3o Plantes marines ;

4o Tourteaux ;

5o Eaux chargées de matières végétales provenant de différentes industries.

618. *Citez quelques cas de résidus de végétations antérieures ?*

Une culture de pommes de terre laisse des fanes, celle de betteraves laisse des feuilles, celle des céréales laisse dans le sol des racines et des chaumes. Après les légumineuses ou les graminées de la prairie, il reste également dans le sol beaucoup de débris.

619. *Quelles sont les plantes cultivées comme engrais vert ?*

Différentes suivant les sols. Dans les terrains forts, on emploie les vesces, les pois, les fèves, la minette, le trèfle, le colza, la navette, la moutarde noire ; tandis que dans les terrains légers, on préfère : les lupins, la spergule, le sarrazin, seigle, trèfle blanc, etc...

620. *N'emploie-t-on pour cela que des plantes cultivées spécialement ?*

Non. On utilise toutes les mauvaises herbes, l'ajonc, le buis, les bruyères, les roseaux, les genèts, les sarments de vigne, les feuilles d'arbre, les gazons.

621. *Quelles sont les plantes enfouies après une récolte ?*

Les légumineuses, les trèfles, etc...

622. *Comment appelle-t-on le mélange de plantes marines cultivées comme engrais ?*

Goëmons, fucus ou varechs.

623. *Sous quelles différentes formes les emploie-t-on ?*

On les emploie comme litière afin de les faire piétiner

et de les imprégner de purin ou on les lave et on les enterre après les avoir desséchées.

624. *Constituent-elles un bon engrais ?*

Oui, elles sont deux fois plus riches que le fumier.

625. *Que désigne-t-on sous le nom de tourteaux?*

Les résidus obtenus dans la fabrication de l'huile des graines oléagineuses.

626. *Citez-en quelques-uns ?*

Tourteaux de pavot, d'œillette des Indes, d'arachide, de sésame, de maïs, etc...

627. *Constituent-ils un bon engrais ?*

Oui, une fois pulvérisés. Ils dosent de cinq à sept pour cent d'azote.

628. *Quelles sont les matières premières employées comme engrais minéraux ?*

Au nombre de quatre : les **matières azotées, phosphatées, potassiques et calcaires.**

629. *Quelles sont les matières généralement employées pour obtenir l'azote ?*

Sulfate d'ammoniaque, nitrate de soude, nitrate de potasse, sang desséché.

630. *Quelles sont les matières généralement employées pour obtenir l'acide phosphorique ?*

Phosphates et superphosphates, poudre d'os, scories, noir animal.

631. *Quelles sont les matières généralement employées pour obtenir la potasse ?*

Nitrate de potasse, sulfate de potasse, chlorure de potassium, carbonate de potasse, kaïnit, etc...

632. *Quelles sont les matières employées pour obtenir le calcaire ?*

Plâtre cuit et plâtre cru.

633. *D'où provient le sulfate d'ammoniaque ?*

Des eaux d'égout des grandes villes ou des eaux de lavage du gaz de l'éclairage qu'on distille dans l'acide sulfurique.

634. *Quelle est sa valeur ?*

Il dose de vingt à vingt-un pour cent d'azote.

635. *Quelles sont ses propriétés ?*

Il est soluble dans deux fois son poids d'eau froide et abandonné à l'air libre, il perd son eau.

636. *Que résulte-t-il de cette dernière propriété ?*

Une tendance à se reformer, à la surface du sol, sous forme de poussière.

637. *D'où provient le nitrate de soude ?*

De gisements très considérables qu'on trouve au Pérou et au Chili.

638. *Quelle est sa valeur ?*

Il dose de quinze à seize pour cent d'azote.

639. *Quelles sont ses propriétés ?*

Il attire l'humidité de l'air atmosphérique, se recouvre de gouttes liquides et entre quelquefois en dissolution.

640. *Que résulte-t-il de cette propriété ?*

Une tendance à descendre dans le sol, assez profondément pour que les plantes puissent en profiter.

641. *D'après les propriétés de ces deux corps, à quelles époques et dans quels terrains doit-on les employer de préférence ?*

Le sulfate d'ammoniaque devra être employé en automne afin que les pluies hivernales l'entraînent dans le sol, et dans des terrains qui ne soient ni trop perméables ni trop secs, car une sécheresse trop prolongée nuirait à l'efficacité de ce sel.

Le nitrate de soude devra être employé au printemps, parce que l'humidité de l'air et la rosée seront suffisantes pour le dissoudre, et dans les sols secs et très perméables.

642. *A quelles doses emploie-t-on ces sels ?*

Le sulfate d'ammoniaque s'emploie en couverture à la dose de cinquante à cent cinquante kilos à l'hectare sur les récoltes qui souffrent.

Le nitrate de soude à la dose de deux cent cinquante à trois cents kilos à l'hectare. Dans les jardins, on emploie ce dernier à la dose de quatre à cinq kilos par are.

643. *Sous quelles formes peut se trouver l'azote dans les engrais chimiques composés ?*

Sous trois états : **azote ammoniacal, azote nitrique, et azote organique.**

644. *Qu'entendez-vous par azote ammoniacal ?*

L'azote fourni par les sels ammoniacaux, tels que le sulfate d'ammoniaque. Il convient plus spécialement aux cultures superficielles.

645. *Qu'entendez-vous par azote nitrique ?*

L'azote fourni par les nitrates, tels que nitrate de soude et nitrate de potasse. Il convient plus spécialement aux racines profondes.

646. *Qu'entendez-vous par azote organique ?*

L'azote fourni par les matières organiques, telles que sang desséché, viande desséchée, cuir, cornes, etc...

647. *Quel est le prix du kilo d'azote ?*

Variable suivant son état. L'azote nitrique vaut de un franc soixante-dix à deux francs cinquante, l'azote ammoniacal de un franc quarante-cinq à deux francs et l'azote organique, un franc trente à un franc quatre-vingt.

Ces prix sont très variables et indiqués par les mercuriales.

648. *Doit-on exiger sur facture l'état sous lequel se trouve l'azote dans les engrais composés ?*

Oui, à cause de la différence de prix.

649. *D'où proviennent les phosphates ?*

Des os ou de gisements qu'on trouve dans beaucoup de régions, notamment dans le Boulonnais, les Ardennes, la Meuse, l'Auxois, le Lot, etc...

650. *Qu'entend-on par superphosphates ?*

Des phosphates d'origine animale ou végétale traités par une quantité convenable d'acide sulfurique : on a, alors, des superphosphates d'os ou des superphosphates minéraux.

651. *Quelle est la valeur des phosphates minéraux ?*

Ils contiennent ordinairement de quinze à vingt-cinq pour cent d'acide phosphorique.

652. *Dans quels sols produisent-ils de bons résultats ?*

Dans tous, sauf dans les sols calcaires où les effets sont moins sensibles.

653. *Quel est l'effet des phosphates ?*

Donnent de la qualité aux plantes, tandis que l'azote leur donne la force.

654. *Dans quel cas les emploie-t-on surtout ?*

Pour améliorer le fumier de ferme ; on projette sur la litière et sur les déjections des animaux, un kilogramme de phosphate pulvérisé par jour et par tête.

655. *Quelle est la valeur des superphosphates d'os et minéraux ?*

Ils dosent généralement de onze à vingt-cinq pour cent d'acide phosphorique.

656. *Qu'entend-on par phosphates précipités ?*

Des produits provenant des os ou des phosphates minéraux traités par l'acide chlorhydrique.

657. *Quelle est leur valeur ?*

Très variable, ils dosent de vingt-cinq à quarante pour cent et au-delà d'acide phosphorique.

658. *Sous quels états peut se trouver l'acide phosphorique renfermé dans ces corps ?*

Il peut être soluble dans l'eau ou tout simplement dans une solution légèrement acide d'un réactif qu'on appelle le **citrate d'ammoniaque alcalin.**

659. *Quel est le prix du kilo d'acide phosphorique soluble ?*

Il varie ; mais est généralement entre soixante et quatre-vingt-dix centimes, suivant son origine.

660. *D'où provient le nitrate de potasse ?*

Vulgairement appelé sel de nitre ou salpêtre, il est l'objet d'une grande industrie où l'on emploie divers procédés pour sa fabrication.

661. *Quelle est sa valeur ?*

Elle est double ; il donne à la fois de l'azote, treize pour cent et de la potasse, quarante-quatre pour cent.

662. *Quelles sont ses propriétés ?*

Il agit vite et les deux éléments qu'il contient sont à un état très assimilable.

663. *D'où provient le sulfate de potasse ?*

Il est le produit accessoire de diverses opérations industrielles et s'obtient par différents procédés.

664. *Quelle est sa valeur ?*

Variable ; mais à l'état pur, elle est généralement de cinquante-quatre pour cent de potasse et de quarante-cinq pour cent d'acide sulfurique.

665. *D'où provient le chlorure de potassium ?*

On le retire généralement des eaux mères des marais salants ou des mines de Stassfurt, en Prusse.

666. *Quelle est sa valeur ?*

Contient, en général, cinquante-deux 0/0 de potasse.

667. *D'où provient le carbonate de potasse ?*

Il est extrait des résidus de la distillation de la mélasse et des suints de laine, des vabins de la betterave.

668. *Quelle est sa valeur ?*

Pur, il contient environ soixante-huit 0/0 de potasse.

669. *Quel est le prix du kilo de potasse ?*

Il est généralement de cinquante à quatre-vingts centimes.

670. *Doit-on exiger, dans l'achat des engrais composés, l'indication de l'origine de la potasse ?*

Oui, il faut savoir si elle provient des chlorures, sulfates ou nitrates.

671. *En résumé que doit-on faire intervenir dans l'achat des engrais composés ?*

1° La richesse en tel ou tel élément ;
2° L'état d'assimilabilité sous lequel ils s'y trouvent ;
3° Leur origine.

672. *Connaissant la richesse d'un engrais et le cours des principes utiles, calculez sa valeur ?*

Supposons un engrais composé ayant :

Azote nitrique.............................. 5

Acide phosphorique soluble dans le citrate. 6

Potasse (du chlorure).................... 12

et prenons les prix faits en 1890 au Syndicat agricole des Pyrénées-Orientales, savoir :

Azote nitrique............................ 1,80

Acide phosphorique soluble au citrate... 0,50

Potasse (du chlorure)................. 0,60

Nous avons :

$$5 \times 1,80 = 9 \text{ francs.}$$
$$6 \times 0,50 = 3 \quad —$$
$$12 \times 0,60 = 7 \quad —$$

Total .... 19 francs.

A ces prix, il y a à ajouter les frais de manipulation qui varient, suivant les maisons, de un franc cinquante à deux francs cinquante, et on a la valeur de l'engrais.

673. *Ne peut-on pas opérer soi-même les mélanges ?*

Oui, en observant les principes de chimie qui permettent d'éviter certaines décompositions fâcheuses et en employant dans les opérations du broyage et du malaxage des ouvriers intelligents.

674. *Comment procède-t-on pour arriver à établir la quantité de matières à mélanger dans la fabrication d'un engrais de dosage donné ?*

Supposons qu'il s'agisse de l'engrais établi dans la question précédente.

Le nitrate de soude fourni au Syndicat, dose, en

1890, de quinze à seize pour cent d'azote. Prenons le minimum quinze et nous disons :

Si pour avoir 15 kil. azote il faut 100 kil. de nitrate.

$$- \quad 1 \quad - \quad \frac{100}{15}$$

$$- \quad 5 \quad - \quad \frac{100 \times 5}{15} = 33,33$$

De même pour l'acide phosphorique, en prenant le superphosphate dosant seize, nous disons :

Si pour avoir 16 kilos d'acide phosphorique il faut 100 k. de superph.

$$- \quad 1 \quad - \quad \frac{100}{16}$$

$$- \quad 6 \quad - \quad \frac{100 \times 6}{16} = 37,50$$

Ajoutant le nombre de kilos de nitrate de soude à ceux du superphosphate exigé, nous avons un total de soixante-dix kilos quatre-vingt. Il manque donc vingt-neuf kilos vingt de sulfate de potasse, pour obtenir les cent kilos de l'engrais à établir.

Quel devra être le titre du sulfate de potasse pour avoir douze kilos de potasse avec vingt-neuf kilos vingt ?

Nous disons :

Si 29 k. 20 doivent donner 12 kilos de potasse.

$$1 \text{ k. devra donner} \quad \frac{12}{29,20}$$

$$100 \text{ k. devront donner} \quad \frac{12 \times 100}{29,40} = 41$$

Le sulfate de potasse devra posséder ici quarante-un pour cent de potasse, titre un peu inférieur à celui du commerce.

TROISIÈME PARTIE

—

INSTRUMENTS DE CULTURE

—

675. *Comment classe-t-on les instruments agricoles?*

En deux catégories : les instruments d'extérieur et les instruments d'intérieur de ferme.

676. *Quels sont les principaux instruments d'extérieur de ferme ?*

La **bêche**, la **fourche**, la **houe**, la **pioche**, le pic, la **tournée**, la **charrue**, la herse, l'extirpateur, le rouleau, les semoirs, la faux simple, la fourche, le râteau ordinaire, la faucille, la sape et son crochet, la faux à râteau, la faucheuse mécanique, le râteau à cheval, la moissonneuse mécanique, les voitures, les chariots, la binette-serfouette, la binette ordinaire, le buttoir, le sarcloir.

677. *Qu'est-ce que la bêche ?*

Un instrument composé d'un manche en bois de longueur variable suivant les usages et le pays, et d'une lame aciérée, tranchante.

678. *Quelle est la forme de la lame ?*

Elle varie suivant les sols à travailler ;

Pour les sols **légers**, elle est recourbée, longue et large ;

Pour les sols **tenaces**, elle a un tranchant large et rectiligne ;

Pour les sols **pierreux** et **durs** elle a un tranchant en arc avec pointes renforcées aux angles extrêmes ;

Pour les sols **forts**, elle est rectangulaire et longue.

679. *Quelle est la forme du manche ?*

Ordinairement droit, il présente quelquefois une légère courbure et a son extrémité terminée en pomme ou porte une béquille.

680. *Qu'est-ce que la fourche ?*

Un instrument composé d'un manche et d'un fer à deux ou trois dents.

681. *Dans quels terrains se sert-on spécialement de cet outil ?*

Dans ceux fortement durcis ou pierreux.

682. *Qu'est-ce que la houe ?*

Un instrument composé d'un manche et d'une lame de fer aciérée, plate ou courbe et formant avec le manche un angle plus ou moins ouvert.

683. *N'existe-t-il pas une houe à dents ?*

Oui, dans certaines houes la lame est remplacée par deux ou trois dents.

684. *Dans quels terrains se sert-on spécialement de ce dernier outil ?*

Dans ceux qui sont rocailleux ou embarrassés de racines traçantes.

685. *Qu'est-ce que la pioche ?*

Une houe modifiée. Le manche est plus long, la lame plus étroite et l'angle plus ouvert.

686. *N'existe-t-il pas une pioche à dents ?*

Oui, mais elle n'est employée que dans les conditions difficiles.

687. *Dans quels terrains se sert-on spécialement de la pioche ?*

Dans ceux qui sont excessivement durs, mais dépourvus de pierres.

688. *Qu'est-ce que le pic ?*

Un instrument formé d'un manche très court et d'une barre anguleuse ou arrondie, plus ou moins arquée et terminée en pointe.

689. *Dans quels terrains se sert-on spécialement de cet outil ?*

Dans ceux qui sont mélangés de cailloux, de pierres.

690. *Qu'est-ce que la tournée ?*

Un instrument formé d'un manche et d'une dent de pic accolée à une forte lame de pioche.

691. *Dans quels terrains se sert-on spécialement de cet outil ?*

Dans ceux qui présentent alternativement des couches dures et des couches mélangées de pierres.

692. *Qu'est-ce que la charrue ?*

Un instrument destiné à détacher une bande de terre et à la renverser, de sorte que la partie inférieure de la tranche séparée par la charrue soit amenée à la surface du sol.

693. *Quelles sont les deux principales sortes de charrues ?*

L'araire ou charrue simple sans avant-train et la charrue ordinaire avec avant-train formé d'une ou de deux roues.

694. *Quelle est la forme de ces charrues ?*

Diversifiée à l'infini.

695. *Laquelle doit-on préférer ?*

Celle qui convient le mieux au terrain à cultiver et aux usages du pays.

696. *Comment classe-t-on les pièces qui composent la charrue ?*

En trois catégories : 1° **Pièces travaillantes,** c'est-à-dire celles qui agissent sur le sol ;

2° **Pièces de direction et de règlement,** c'est-à-dire celles qui servent à régler et diriger la charrue ;

3° **Pièces de liaison et d'assemblage,** c'est-à-dire celles qui servent à assembler les pièces.

697. *Quelles sont les pièces travaillantes ?*

Le coutre, le soc et le **versoir.**

698. *Qu'est-ce que le coutre ?*

Une sorte de grand couteau destiné à fendre la terre verticalement.

699. *A quelle distance du soc doit-il se trouver ?*

A un centimètre environ.

700. *Comment peut être placé le coutre dans le plan vertical du mouvement ?*

De trois manières : 1° **verticalement ;**
2° **Incliné la pointe en avant ;**
3° **Incliné la pointe en arrière.**

701. *Que résulte-t-il dans les conditions normales lorsque le coutre est placé verticalement ?*

La charrue n'a ni tendance à entrer ni à sortir.

702. *Que résulte-t-il lorsque la pointe est en avant ?*

La charrue a tendance à entrer.

703. *Que résulte-t-il lorsque la pointe est en arrière ?*

La charrue a tendance à sortir.

704. *Quelles formes peut affecter le coutre ?*

Il peut être : à tranchant rectiligne, à tranchant concave et à tranchant convexe.

705. *Qu'est-ce que le soc ?*

La pièce principale de la charrue ; elle est destinée

à détacher horizontalement la bande de terre tranchée par le coutre et à la soulever.

706. *Quelle forme a-t-il ?*

Celle d'un coin triangulaire dont la surface est un peu oblique pour soulever la terre et la transmettre au versoir.

707. *Quelle doit être sa largeur ?*

Variable. Elle dépend de la largeur de la bande de terre qu'il doit détacher.

708. *Avec quelle matière doit-il être construit ?*

Avec du fer de très bonne qualité afin de résister au frottement de la terre et aux obstacles de toute espèce qu'il peut rencontrer ; la pointe et l'aile doivent être aciérées.

709. *Qu'entend-on par donner de l'embêchage ?*

Disposer le coutre de telle façon que la pointe pique plus que le tranchant et, par suite, donne à la charrue une tendance à piquer en terre.

710. *Qu'entend-on par donner du rivotage ?*

Disposer le coutre de telle façon que la pointe se dirige un peu vers la gauche et donne à la charrue une tendance à prendre de la raie.

711. *N'y a-t-il pas inconvénient à augmenter l'embêchage et le rivotage ?*

Oui, car on augmente inutilement la résistance.

712. *Ces règles de la charrue ont-elles toujours de l'importance ?*

Non, l'embêchage et le rivotage doivent être d'autant moindres que la charrue est plus lourde et plus parfaite.

713. *Qu'est-ce que le versoir ?*

La partie destinée à soulever et à renverser la bande de terre séparée du sol par le coutre et le soc.

714. *Comment doit-il être ?*

A courbure contournée, courbure qui doit varier de forme et de matière (bois ou métal) suivant la nature du terrain dans lequel il est destiné à agir.

715. *Quelle doit être sa largeur.*

Au moins égale à celle du soc, sinon la bande de terre soulevée ne pourrait pas s'y arrêter convenablement et dans certains sols surtout, le travail serait moins bien exécuté.

716. *Avec quelle matière est-il généralement construit ?*

Avec du bois, du fer ou de la fonte.

Le bois est employé dans les localités à terre argileuse humide et la fonte tend, partout ailleurs, à remplacer le fer parce que, tout en permettant de conserver au versoir la forme donnée, elle s'use moins vite et n'est pas si coûteuse.

717. *Quelles sont les pièces de direction ?*

Le sep, les **mancherons**, le **régulateur** et l'âge.

718. *Qu'est-ce que le sep?*

La partie qui fait suite au soc et glisse au fond du sillon s'appuyant d'un côté, droit ou gauche suivant le côté où verse la charrue, contre le **guéret** ou terre non remuée.

719. *Quel est son rôle ?*

Sert à maintenir la charrue horizontalement et relie le soc à l'âge au moyen des étançons.

720. *Qu'appelle-t-on semelle du sep ?*

L'ensemble du sep ou plus spécialement la partie inférieure, c'est-à-dire celle qui glisse sur le sol.

721. *Qu'appelle-t-on talon ?*

La partie postérieure.

722. *Quelle doit être la forme du sep ?*

Un peu concave de la face inférieure et de la face gauche afin d'éviter les frottements complets et les excès du tirage qu'il cause ; de cette façon la charrue ne porte que sur deux points: le talon du sep et la pointe du soc.

723. *Doit-on renouveler souvent le coutre et le sep ?*

Oui, aussi doivent-ils être mobiles.

724. *A quoi servent les mancherons ?*

A diriger et à maintenir la charrue.

725. *Toutes les charrues ont-elles deux mancherons ?*

Non, quelquefois on ne trouve qu'un seul manche,

que le laboureur tient d'une main tandis que de l'autre
main il tient un fouet ou aiguillon pour conduire
l'attelage.

726. *A quoi sert le régulateur ?*

Est destiné à donner plus ou moins de largeur et de
profondeur à la bande, suivant le point où l'on attache
la chaîne de la ligne de tirage.

727. *Comment cela se produit-il ?*

Lorsque, à l'aide du régulateur, on élève l'âge, la
pointe du soc s'enfonce moins et le **labour est super-
ficiel**; tandis que si l'on abaisse l'âge, le soc s'enfonce
davantage et le **labour est profond.**

728. *Qu'est-ce que l'âge ou flèche ?*

Une pièce de bois ou de fer par laquelle la charrue
reçoit la traction et qui sert de guide, avec un point
éloigné remarqué sur le sol, pour permettre au
laboureur de tracer une ligne droite.

729. *Quelle est sa forme ?*

Il est souvent droit et horizontal, mais de préférence
il doit être cintré.

730. *Quelle doit être sa longueur ?*

Ni trop forte, ni trop courte, car, si lorsque l'âge est
long, les déviations de la charrue sont plus modérées
et sa marche plus régulière, sa solidité est moindre.
Trop court, il nuirait à la bonne marche de l'instrument.

731. *Où se trouve le point d'attache de la chaîne de traction ?*

En dessous de l'âge, en un point plus ou moins rapproché du corps de la charrue.

732. *Quelle doit être la position de l'âge ?*

Il doit être placé de telle façon que les traits des animaux étant attachés à la place convenable, la charrue marche horizontalement en terre et à la profondeur voulue.

733. *Qu'arrive-t-il si l'âge est trop élevé sur le devant ?*

L'attelage le baisse et la charrue pique, c'est-à-dire qu'elle a trop de disposition à entrer.

734. *Qu'arrive-t-il si l'âge est trop bas ?*

L'attelage le relève et le soc a de la tendance à sortir de terre, c'est-à-dire qu'elle marche sur le talon.

735. *Quelles sont les pièces d'assemblage ?*

L'âge, la **coutrière**, les **étançons**, les **arcs-boutants**, divers boulons, clavettes ou goupilles.

736. *Quelles sont les pièces fixées à l'âge ?*

Le régulateur, le coutre, les mancherons se relient avec le sep par l'intermédiaire des étançons.

737. *A quoi sert la coutrière ?*

A fixer le coutre sur l'âge.

738. *A quoi servent les arcs-boutants ou entretoises?*

A relier le versoir aux étançons ou à consolider les mancherons en maintenant leur écartement.

739. *A quoi servent les divers boulons, clavettes ou goupilles ?*

A retenir les diverses parties de la charrue dans leurs positions relatives.

740. *Comment peut se régler la charrue ?*

Au moyen : 1° Du régulateur ;

2° De la longueur des traits ;

3° Du placement des traits sur le palonnier ;

4° De l'action que peut exercer le laboureur sur les mancherons.

741. *Comment donne-t-on plus de profondeur au labour ?*

1° En élevant le régulateur ;

2° En allongeant les traits ;

3° En levant les mancherons.

742. *Comment donne-t-on moins de profondeur au labour ?*

1° En baissant le régulateur ;

2° En donnant moins de longueur aux traits ;

3° En appuyant sur les mancherons.

743. *Comment donne-t-on plus de largeur au labour ?*

1° En portant à droite la chaîne du régulateur ;

2° En attachant les traits gauches des deux chevaux au milieu des bras correspondants de leurs palonniers;

3° En appuyant sur le mancheron droit et en soulevant le gauche.

744. *Comment donne-t-on moins de largeur au labour ?*

1º En portant à gauche la chaîne du régulateur ;

2º En attachant les traits droits des deux chevaux au milieu des bras correspondants de leurs palonniers ;

3º En appuyant sur le mancheron gauche et en levant le mancheron droit.

745. *Comment la charrue est-elle transportée aux champs ?*

Au moyen d'un traîneau à roues, muni d'un crochet que l'on place sous le corps de la charrue.

746. *Qu'arrive-t-il si on laisse traîner la charrue en allant de la ferme au champ et réciproquement ?*

De nombreux inconvénients, parmi lesquels l'usure et la casse des socs et des seps.

747. *De quoi se compose l'avant-train ?*

De deux roues reliées par un essieu sur lequel repose l'extrémité de l'âge et où sont attachées les bêtes.

748. *Ces deux roues doivent-elles avoir même diamètre ?*

Non, car la charrue ne serait jamais horizontale.

749. *Quelle est la plus avantageuse de la charrue ou de l'araire ?*

Chacune d'elles a ses inconvénients et ses avantages.

750. *Parlez de l'araire?*

Cette espèce de charrue est légère, ne coûte pas cher, jouit d'une très grande liberté et peut glisser sur les obstacles qu'elle rencontre ou les éviter par une déviation presque imperceptible que le laboureur lui fait subir en agissant sur les mancherons. Elle a le seul inconvénient d'exiger une certaine habileté de la part de l'ouvrier qui la manie.

751. *Parlez de la charrue proprement dite ?*

Avec l'avant-train, une fois l'âge réglé, cet instrument marche pour ainsi dire tout seul et fait le travail le plus régulier possible, mais l'avant-train ajoute au tirage son poids et ses frottements qui ne sont pas bien considérables.

752. *Le règlement de la charrue à avant-train ne diffère-t-il pas de celui de la charrue ordinaire?*

Oui. Le laboureur soulève les mancherons pour diminuer la profondeur et s'appuie dessus pour l'augmenter ; il fait monter plus ou moins l'âge au-dessus de l'essieu quand il s'agit de profondeur et le fait passer à droite ou à gauche s'il s'agit de la largeur de la bande de terre.

753. *Qu'est-ce que la charrue tourne-oreille ou brabant ?*

Une charrue dont le versoir peut se tourner, à volonté, soit à droite, soit à gauche.

754. *Quel est son avantage ?*

Elle permet de renverser la terre toujours du même côté

755. *Qu'appelle-t-on charrue bisoc, trisoc, polysoc?*

Une charrue munie de deux, trois, quatre ou plusieurs socs, et pouvant tracer ainsi deux, trois, quatre ou plusieurs sillons à la fois.

756. *Qu'appelle-t-on charrue sous-sol?*

Une charrue dépourvue de versoir.

757. *Dans quel cas l'emploie-t-on?*

Lorsqu'on veut labourer le sous-sol sans le retourner ni le mélanger au sol.

758. *Quelles conditions doit remplir pour être bonne, toute charrue, soit araire, soit avant-train?*

1º Elle doit être simple, c'est-à-dire composée des seules pièces nécessaires ;

2º Elle doit donner le moins de tirage possible ;

3º Elle doit avoir un soc plat et tranchant ;

4º Son versoir doit renverser la bande de terre, de sorte que celle-ci forme avec la surface du sol un angle de quarante à cinquante degrés et que le fond de la raie soit bien évidé.

5º Elle doit pouvoir être réglée de manière à faire des sillons plus ou moins larges et plus ou moins profonds.

759. *Quelle est la charrue la plus parfaite?*

Celle qui, exigeant le moins de dépenses de force de la part du laboureur et des animaux, atteint le mieux le but du labour.

760. *Qu'est-ce que la herse ?*

Un instrument destiné à ameublir le sol, à le mélanger avec les engrais et amendements, à détruire les mauvaises herbes et à recouvrir les semences.

761. *En quoi consiste-t-elle ?*

En un bâti en bois ou en fer muni de dents également en bois ou en fer.

762. *Quelle est sa forme ?*

Très variable, tantôt c'est un carré oblique (parallélogramme), tantôt un carré plus étroit au sommet qu'à la base (trapèze), tantôt un triangle.

763. *Quelle est la meilleure ?*

La herse parallélogrammique.

764. *Quelles conditions doit remplir une herse, pour être bonne ?*

1° Elle doit être solide et stable;

2° La bande de terre qu'elle recouvre doit être régulièrement travaillée;

3° Les dents doivent tracer des raies distinctes et également espacées ;

4° L'espace entre chaque dent doit être suffisant pour que la terre ne s'y agglomère pas, ce qui empêcherait la marche de l'instrument;

5° Les dents doivent être espacées de manière à ramener et à rassembler les herbes à la surface du sol sans que la herse soit trop promptement engorgée ;

6° L'entrure des dents dans le sol doit être facilement réglée.

765. *Quel est l'usage le plus fréquent de la herse?*

Sert à émietter ou briser les mottes après un labour.

766. *Comment conduit-on la herse ?*

De façon à ce qu'elle soit toujours horizontale.

767. *Comment la règle-t-on en profondeur ?*

1º En allongeant les traits ;

2º En la chargeant de poids ;

3º En la faisant marcher du côté où sont inclinées les dents.

768. *Comment peut-on en diminuer la profondeur?*

1º En raccourcissant les traits ;

2º En allégeant la herse ;

3º En attelant du côté opposé à l'inclinaison des dents ;

769. *Comment peut-on diminuer la largeur du train ?*

En fixant, dans les herses parallélogrammiques, le crochet du côté de l'angle aigu.

770. *Comment peut-on l'augmenter ?*

En portant la ligne d'attraction du côté de l'angle obtus.

771. *Quand obtient-on le meilleur travail ?*

Lorsque le point de tirage se trouve au tiers de la chaîne du côté de l'angle obtus.

772. *Doit-on faire usage des herses triangulaires?*

Non, leur travail n'est pas assez uniforme.

773. *Qu'est-ce que le rouleau ?*

Un instrument destiné à briser les mottes que la charrue a laissées intactes, à chausser les plantes dans les terrains où elles se déchaussent par les alternatives du gel et du dégel, à égaliser la surface des terres à ensemencer.

774. *En quoi consiste-t-il ?*

En un cylindre qui tourne sur un axe en fer dont les extrémités sont munies de brancards où l'on attelle les animaux.

775. *Combien y a-t-il de sortes de rouleaux ?*

Deux principales : 1° Les rouleaux **ordinaires**, à surfaces unies, en bois, en pierre ou en fonte ;

2° Les rouleaux **squelettes** ou brise-mottes, formés de disques à dents.

776. *A quoi servent les rouleaux ordinaires ?*

A tasser le sol.

777. *A quoi servent les rouleaux squelettes ?*

A briser les mottes sans les aplatir.

778. *Comment peuvent être les rouleaux ordinaires ?*

Creux ou pleins, suivant qu'ils sont en fonte ou en bois.

779. *Qu'est-ce que la houe à cheval ?*

Un instrument composé de socs et de couteaux fixés sur un bâti en bois, avec ou sans avant-train, et traîné par un cheval.

780. *Quel est son usage ?*

Destiné à détruire les mauvaises herbes et à ameublir la surface du sol.

781. *Comment doit-elle être ?*

Articulée, c'est-à-dire pouvant s'écarter et se rapprocher à volonté, de manière que tout le terrain soit fouillé.

782. *En quoi consiste le buttoir ?*

En une charrue à deux versoirs qui peuvent s'écarter ou se rapprocher à volonté.

783. *Quel est son usage ?*

Sert à chausser les plantes, à ouvrir les rigoles pour l'arrosage et l'écoulement des eaux.

784. *Qu'est-ce que l'extirpateur ?*

Un instrument qui, armé de plusieurs socs, détruit les mauvaises herbes et remue le sol à une certaine profondeur.

785. *Qu'est-ce que le scarificateur ?*

Un instrument qui, muni de pieds, de formes variées, déchire la terre et la divise verticalement.

786. *Comment règle-t-on ces deux instruments ?*

Au moyen de l'avant-train qui permet d'élever plus ou moins l'âge et de donner, par suite, plus ou moins de profondeur.

787. *Qu'est-ce que les semoirs ?*

Des instruments mécaniques qui permettent de

disposer les semences en lignes et à une profondeur uniforme.

788. *En quoi consistent-ils ?*

En une caisse percée de trous régulièrement disposés, trous qui munis de longs tubes en tôle, conduisent les graines jusque dans le sol ouvert par de petits socs placés en avant.

789. *Combien d'espèces de semoirs ?*

Deux principales :

1º **A brouette** que l'homme pousse devant lui, et qui ne sème qu'une ligne à la fois ;

2º **A cheval**, qui permettant de semer un grand nombre de lignes à la fois, rend d'immenses services à la grande culture.

790. *Peut-on les employer dans tous les terrains ?*

Non, il faut que le sol ne soit ni trop humide ni trop pierreux, dépourvu d'accidents et surtout parfaitement préparé.

791. *Quels sont les principaux avantages des semoirs ?*

1º Mettent les graines à une profondeur uniforme ;

2º Les recouvrent parfaitement ;

3º Economisent beaucoup de semence ;

4º Rendent les menues cultures plus faciles.

792. *Quelles conditions doivent-ils remplir ?*

1º Permettre de rapprocher ou d'écarter à volonté les tubes semeurs ;

2º Répandre toujours et couvrir uniformément les graines ;

3º D'une réparation facile ;

4º D'un prix peu élevé.

793. *Qu'est-ce que la faux ?*

Un instrument qui, composé d'une lame et d'un manche, est destiné à couper à bras les récoltes des prairies et des céréales.

794. *Comment doit être la lame ?*

Elle doit avoir la forme d'un arc de cercle à très grand rayon et se terminer en pointe à l'une de ses extrémités.

795. *Quelles parties y distingue-t-on ?*
Le tranchant, le dos et le talon.

796. *Comment est-elle fixée sur le manche ?*
Au moyen d'une douille ou d'un crochet situé à l'extrémité du talon.

797. *Comment doit être le manche ?*
En bois et garni vers le milieu de sa longueur d'une petite poignée que le faucheur tient de la main droite, alors qu'il en saisit l'extrémité avec la main gauche.

798. *Quels sont les principes généraux à connaître pour faire usage de la faux ?*

1º La pointe de la lame doit être un peu plus basse de 0,05 environ) que le haut du manche ;

2º L'angle formé par la lame et le manche ne doit

pas être trop ouvert, car si on prend plus d'espace, il faut beaucoup plus de force ;

3º La douille doit être assez grande pour que l'on puisse faire varier aisément l'angle au moyen d'un coin en bois ou d'un morceau de cuir.

799. *Comment affile-t-on le tranchant de la faux?*

En la battant au marteau sur une enclume portative et en détruisant le morfil, produit par le battage, au moyen de la pierre naturelle ou artificielle.

800. *Qu'est-ce que la fourche ?*

Un instrument qui, composé d'un manche et de deux ou plusieurs dents, mousses ou aiguës, droites ou recourbées, sert à manipuler les fourrages, fumiers, etc.

801. *En quoi peuvent être les dents ?*

En bois ou en fer. Lorsqu'elles sont en bois, la fourche est d'une seule pièce.

802. *Qu'est-ce que le râteau ordinaire ?*

Un instrument composé d'un manche en bois à la partie supérieure duquel se trouve une pièce perpendiculaire munie de dents en bois ou en fer.

803. *Qu'est-ce que la faucille?*

Un instrument qui, composé d'un manche et d'une lame courbée à peu près en demi-cercle, tranchante, portant des dents de scie inclinées de la pointe vers le manche, sert principalement pour la culture des céréales.

804. *Comment se sert-on de cet instrument ?*

On engage la lame avec la main droite dans les céréales et on fait faire, en tirant vers soi, un tour circulaire à la pointe.

805. *Qu'est-ce que le volant ?*

Un instrument analogue à la faucille, mais plus grand, moins recourbé et sans dents de scie.

806. *Comment se sert-on de cet instrument ?*

On ramène, avec le volant, les céréales de la main droite et on les saisit de la main gauche ; puis on le retire en coupant par petits coups.

807. *Qu'est-ce que la sape ?*

Une sorte de petite faux munie d'un manche court et presque perpendiculaire à la lame, manche qui porte à sa partie supérieure une courbe ou poignée, à l'extrémité de laquelle se trouve une ficelle que l'on enroule autour du poignet.

808. *Comment se sert-on de cet instrument ?*

On écarte légèrement au moyen d'un crochet, tenu de la main gauche, la partie qu'on veut couper ; puis avec la sape, tenue de la main droite, on coupe en rasant le sol.

809. *Quels sont les avantages de la sape ?*

1° Les **javelles** sont bien faites ;

2° Les céréales versées et mêlées sont facilement abattues ;

3° La coupe des chaumes est faite assez bas ;

4° Les épis ne sont pas secoués et par suite égrenés.

810. *Que désigne-t-on sous le nom de javelle ?*

Les amas plus ou moins volumineux des tiges de céréales coupées et laissées sur le sol pendant un temps plus ou moins long, suivant les circonstances.

811. *Qu'est-ce que la faux à râteau ?*

C'est la faux ordinaire garnie d'un support pour les tiges, c'est-à-dire d'un châssis destiné à retenir les tiges coupées et à aider le faucheur à les rassembler.

812. *Ces instruments sont-ils employés dans la grande culture ?*

Non, on fait usage d'instruments plus puissants qui permettent d'utiliser la force des animaux et d'exécuter plus vite le travail.

813. *Quels sont-ils ?*

Faucheuse mécanique, qui sert à couper les herbes ;
Faneuse mécanique, qui sert à les retourner ;
Râteau à cheval, qui sert à les ramasser ;
Moissonneuse mécanique, qui sert à couper les céréales, etc.

814. *Quels sont les instruments pour transports à courte distance ?*

Les **paniers, civières, hottes et brouettes.**

815. *Que désigne-t-on sous le nom de panier ?*

Un ustensile portatif en osier ou en sparterie dont on se sert avec avantage dans les déblais, pour épierrer les prés et les luzernes, etc...

816. *Que désigne-t-on sous le nom de hotte ?*

Des paniers oblongs en osier ou en métal que l'homme maintient sur son dos au moyen de deux courroies passant sur ses épaules.

817. *Que désigne-t-on sous le nom de civières ?*

Des instruments formés par deux barres de bois et des planches clouées en travers.

818. *Que désigne-t-on sous le nom de brouette ?*

Une caisse en planches bien jointes, munie de deux roues (aujourd'hui presque toujours on en met une seule), et de deux petits brancards qu'on prend à la main.

819. *Cet instrument a-t-il toujours la même forme ?*

Non, il affecte des formes différentes suivant la nature et le poids des matériaux à transporter.

820. *Pouvez-vous comparer ces modes de transport ?*

Oui, pour une distance ne dépassant pas quarante mètres, la brouette et la hotte s'équivalent, tandis que la hotte devient plus avantageuse lorsque la distance augmente. La civière et le panier n'ont que le simple avantage de permettre de réunir promptement un grand nombre d'ouvriers.

821. *Quels sont les instruments pour transports à grande distance ?*

Charrette, chariot et tombereau.

822. *Que désigne-t-on sous le nom de charrettes ?*

Un véhicule à deux roues, muni de deux bras ou brancard dans lequel on place l'animal destiné à traîner la charge.

823. *Citez-nous les parties principales ?*

Les **ranchers**, échelons verticaux ;

Les **porte-ranchers**, anneaux en fer maintenant les ranchers ;

Les **guimbardes**, treillages inclinés, formés de **trois** montants et de trois traverses ;

Les **chambrières**, supports en bois destinés à soutenir la charrette en équilibre ;

Les **tours**, destinés à serrer les chargements **au** moyen de deux **billes** en bois ou en fer.

824. *Les charrettes ont-elles toujours un brancard ?*

Non ; celui-ci est remplacé par une flèche lorsque la charrette est destinée à être traînée par des bœufs.

825. *Que désigne-t-on sous le nom de chariot ?*

Un véhicule à quatre roues dont les deux antérieures sont bien plus petites que les deux postérieures, ce qui facilite le changement de direction.

826. *Que désigne-t-on sous le nom de tombereau ?*

Un véhicule à deux roues, essentiellement composé d'une caisse en bois pouvant tourner sur l'essieu et qu'on maintient sur les brancards au moyen d'une barre en bois ou en fer placée sur le prolongement antérieur du fond de cette caisse.

827. *N'existe-t-il pas d'autres moyens de transport ?*

·Oui, dans les grandes exploitations, on fait usage de chemins de fer portatifs (Decauville).

828. *N'est-il pas utile de savoir la distance qu'un attelage peut parcourir et le nombre de voyages qu'il peut faire par jour ?*

Oui. Un cheval peut parcourir, sur une route, quatre kilomètres à l'heure, soit trente-deux kilomètres par journée de huit heures. Si nous ne tenons pas compte du temps nécessité pour le chargement et le déchargement, nous pouvons dire qu'un cheval peut faire :

Quatre voyages par jour lorsque la distance est de huit kil., aller et retour ;

Deux voyages par jour lorsque la distance est de seize kilomètres, aller et retour, etc...

829. *N'est-il pas possible d'organiser les transports de façon à ce que les bêtes ne chôment pas vers le lieu du chargement ?*

Oui, on s'arrange de telle façon que lorsqu'une voiture vide est de retour du champ, une autre voiture soit chargée et prête à partir. Ainsi faisant, le charretier n'a qu'à dételer pour atteler de nouveau.

830. *De quoi dépend le chargement des véhicules ?*

De l'état des chemins, de la force des chevaux et de la distance à parcourir.

831. *Pouvez-vous établir une moyenne des chargements?*

Oui. Sur une route, un cheval peut traîner de mille à mille deux cents kilos ; il ne traînera que de six cents à huit cents kilos sur un chemin rural, pour se réduire à cinq ou six cents kilos lorsque le chemin est mauvais.

832. *Le chargement des véhicules ne dépend-il pas d'autre chose ?*

Oui. Il faut tenir compte de la résistance des terres que doivent traverser les véhicules.

833. *Qu'est-ce que la binette ?*

Un instrument qui, formé d'une petite pioche et d'un manche plus ou moins long, sert à faire les binages.

834. *Y a-t-il plusieurs sortes de binettes ?*

Oui, citons les binettes à lame arrondie, à lame rectangulaire, à brouette (Viet, Pilter).

835. *Qu'est-ce que le sarcloir ?*

Un instrument qui, formé d'un manche et d'une lame de couteau perpendiculaire sert à détruire les mauvaises herbes.

836. *Que désigne-t-on sous le nom de harnais?*

Les divers appareils que l'on adapte sur le corps des animaux domestiques, dans le but principal de les **gouverner et de leur faire exécuter le déplace-**

ment de matériaux, soit par le tirage, soit par le transport à dos.

837. *Par quoi est constitué le harnachement du cheval de trait ?*

Par trois appareils, distincts par le but qu'ils doivent remplir.

838. *Quels sont-ils ?*

1º Appareil **de tirage** destiné à transmettre à la voiture le mouvement en avant communiqué par le cheval ;

2º Appareil **de recul** destiné à imprimer le mouvement en arrière et à permettre au cheval de s'opposer dans les descentes à la trop grande vitesse que le fardeau peut acquérir en obéissant par son propre poids à la pente du terrain ;

3º Appareil **de gouverne** destiné seulement à gouverner les animaux.

839. *En quoi consiste l'appareil de tirage ?*

En un **collier**, partie essentielle ; des traits, surdos, fourreaux et ventrelle.

840. *Qu'est-ce que le collier ?*

Un harnais à jour, ovalaire, qui entoure exactement l'extrémité inférieure de l'**encolure** et se prolonge de chaque côté sur les épaules.

841. *De quoi se compose-t-il ?*

De **deux** parties principales : **coussins et attelles.**

842. *Qu'entend-on par coussins ?*

Deux bourrelets qui, formés de tiges de paille réunies étroitement et serrées de manière à former un faisceau résistant, sont recouverts du côté interne par de la toile rembourrée de crins ou de laine.

843. *Que désigne-t-on sous le nom de tête du collier ?*

Le prolongement situé au point supérieur de jonction des deux coussins.

844. *Que remarque-t-on aux coussins ?*

Deux faces : l'une interne, arrondie et souple au toucher ; l'autre, externe, présentant la **verge**, saillie cylindrique qui suit tout le contour du collier et une **rainure** profonde destinée à loger les attelles.

845. *En quoi peuvent-être les attelles ?*

En bois ou en fer.

Dans le premier cas, la partie supérieure des attelles est rejetée en dehors de chaque côté de la tête du collier, porte le nom d'**oreillette**, et est munie d'anneaux dans lesquels passent les rênes.

Dans le deuxième cas, les attelles n'ont pas d'oreillettes et portent seulement deux anneaux.

846. *Où s'attachent les traits ?*

A une forte courroie repliée en arrière et qui, placée à la partie correspondant au milieu de l'épaule porte le nom **d'anse ou bracelet.**

847. *Que place-t-on sur la tête du collier ?*

Une housse de peau de mouton ou simplement de cuir tanné et verni afin d'empêcher, dans les temps pluvieux, les coussins de s'imbiber d'eau.

848. *Que désigne-t-on sous le nom de traits ?*

Les liens qui, unissant le collier à la voiture, peuvent être en cuir, en chanvre ou en fer.

849. *Que désigne-t-on sous le nom de surdos ?*

Les porte-traits, larges courroies placées transversalement sur le dos de l'animal et destinées à soutenir les traits.

850. *Que désigne-t-on sous le nom de fourreau ?*

Des étuis en cuir qu'on place aux traits et aux surdos pour empêcher leur frottement sur la peau.

851. *Que désigne-t-on sous le nom de ventrelle ?*

Une courroie qui, passant sous la poitrine de l'animal, s'attache aux traits et les empêche de remonter.

852. *En quoi consiste l'appareil de recul ?*

En une partie essentielle qu'on appelle **avaloire**.

853. *Par quoi est constituée l'avaloire ?*

Par une large bande de cuir qui reçoit le nom de **fessière**, ou de **reculement**.

854. *Par quoi est terminée la fessière ?*

Par deux gros anneaux en fer qui, placés à chacune de ses extrémités, sont munis d'une chaîne ou courroie appelée **chaîne ou courroie de reculement**.

855. *Que désigne-t-on sous le nom de barres de fesses ou bras de dessus ?*

Les différentes courroies qui, recouvrant les fesses et s'entre-croisant sur la croupe, maintiennent la fessière dans sa position.

856. *Que désigne-t-on sous le nom de mantelet ?*

Une grande pièce de cuir qui couvre les barres de fesses.

857. *Que désigne-t-on sous le nom de croupière ?*

Un bourrelet de cuir garni de crins qui passe, en décrivant une anse, sous la queue de l'animal.

858. *Que comprend l'appareil de gouverne ?*

Trois parties : **bride, guides et rênes.**

859. *En quoi consiste la bride ?*

En deux parties distinctes : le **mors** qui se place dans la bouche de l'animal et la **monture** qui entoure la tête et soutient le mors.

860. *Par quoi est constitué le mors ?*

Par un cylindre de fer (embouchure du mors) renflé à ses deux bouts qui prennent le nom de **canons du mors** et rétréci dans son milieu où, souvent, il présente une courbe appelée **liberté de la langue.**

861. *De quoi se compose la monture ?*

De six parties : têtière, montants, œillières ou abouttoirs, frontal, sous-gorge, muserole ou cache-nez.

862. *Que désigne-t-on sous le nom de guides ?*

Des cordes de chanvre ou de longues et étroites lanières de cuir qui s'attachent par un de leurs bouts à l'extrémité des branches du mors et par l'autre sont tenues dans la main du conducteur.

863. *Que désigne-t-on sous le nom de rênes ?*

Deux lanières de cuir qui, destinées à soutenir la tête du cheval, s'attachent par leur extrémité inférieure à la bouche du mors et par leur extrémité supérieure sont réunies à la tête du collier.

864. *Le limonier n'a-t-il pas un harnachement plus complet ?*

Oui, il a, en plus, **la selle du limon** et la **dossière**.

865. *Quels sont les instruments d'intérieur de ferme ?*

Le fléau, le van à bras, la batteuse, le tarare, le trieur, le hache-paille, le coupe-racines, le brise-tourteaux, etc.

FIN DE LA PREMIÈRE ANNÉE.

Perpignan, Typ. Charles Latrobe. — 29675.

9 782019 186845